编委会

宁夏引种黑果腺肋花楸研究与实践

惠学东　李英武　主编

黄河出版传媒集团
阳光出版社

图书在版编目（CIP）数据

宁夏引种黑果腺肋花楸研究与实践 / 惠学东，李英武主编. -- 银川：阳光出版社，2023.5
ISBN 978-7-5525-6814-1

Ⅰ.①宁… Ⅱ.①惠… ②李… Ⅲ.①蔷薇科－栽培技术②蔷薇科－资源利用 Ⅳ.①S685.12

中国国家版本馆CIP数据核字(2023)第083308号

宁夏引种黑果腺肋花楸研究与实践　　　　　惠学东　李英武　主编

责任编辑　马　晖
封面设计　赵　倩
责任印制　岳建宁

黄河出版传媒集团　阳　光　出　版　社　出版发行

出 版 人　薛文斌
地　　址　宁夏银川市北京东路139号出版大厦（750001）
网　　址　http://www.ygchbs.com
网上书店　http://shop129132959.taobao.com
电子信箱　yangguangchubanshe@163.com
邮购电话　0951-5047283
经　　销　全国新华书店
印刷装订　宁夏银报智能印刷科技有限公司
印刷委托书号　（宁）0026251

开　　本　787 mm×1092 mm　1/16
印　　张　12.25
字　　数　200千字
版　　次　2023年5月第1版
印　　次　2023年5月第1次印刷
书　　号　ISBN 978-7-5525-6814-1
定　　价　68.00元

黑果腺肋花楸的根

黑果腺肋花楸的花

黑果腺肋花楸的果实

黑果腺肋花楸品种引种研究和示范推广项目中期评估

黑果腺肋花楸塑料大棚育苗

黑果腺肋花楸种植基地

区内大中专学生观摩学习

专家指导

专家指导

序

宁夏南部山区又称宁夏南部黄土丘陵区，不同的部门和不同的研究者对其划分有不同的标准和范围。本书所指的区域范围是宁夏固原市所辖的泾源县、隆德县全部，原州区南部、西吉县东部、彭阳县南部，是以400 mm等雨量线来划分的。宁夏固原市是中央1982年确定的重点贫困地区，水土流失严重、经济社会发展滞后，生态环境亟须改善。

2017—2019年，我曾在宁夏南部山区泾源县兴盛乡上金村担任驻村第一书记，参与了宁夏南部山区脱贫攻坚工作。在两年脱贫攻坚工作中，深深体会到宁夏南部山区产业扶贫的重要作用。鉴于宁夏南部山区特殊的自然条件，适合其发展的支柱产业——林果业基础非常薄弱。究其原因是缺乏适宜品种和栽培技术，难以形成的林产品配套产业链。

针对宁夏南部山区半干旱半湿润阴湿山区退耕还林和巩固脱贫成果后续产业培育适宜的经济林栽培品种少，农业产业化没有支柱产业，农民增收不稳定、难长久的问题。2016年以来宁夏泾源县、原州区、西吉县、隆德县先后从辽宁省引进黑果腺肋花楸优良品种"富康源1号"进行试验栽培。此外，2019年泾源县还从黑龙江省引进黑果腺肋花楸品种"黑宝石"进行试验栽培。主要栽培区域集中在泾源县大湾乡、兴盛乡、泾河源镇、新民乡、六盘山镇等乡镇，面积达到2.0万亩以上，现已开始结果。

目前，黑果腺肋花楸栽培在宁夏尚属起步阶段，对品种选育和栽培技术也在进行深入、系统的研究。为加强黑果腺肋花楸栽培技术支撑，解决苗木繁育、种植栽培

1

等系列配套技术难题，以期更好地解决宁南高海拔地区发展经济林缺乏适宜品种的问题，从而带动农村种植业结构调整，增加农民收入，促进当地加工业和旅游业发展，巩固脱贫成果和推动乡村产业振兴。2019年，宁夏国有林场和林木种苗工作总站争取中央财政林业科技推广示范项目——"黑果腺肋花楸品种引进及高效栽培技术示范推广"，联合泾源县林业草原发展中心、固原市六盘山林业局林木良种繁育中心、宁夏林业研究院股份有限公司、种苗生物工程国家重点实验室、宁夏宁苗生态园林(集团)股份有限公司、宁夏富康源生物科技有限公司等单位，在宁夏南部山区开展黑果腺肋花楸品种引进和相关技术研究。到2021年年底，引进"富康源1号"和"黑宝石"2个品种，建立采穗圃2处，面积200亩；建立种苗繁育基地4处，繁育种苗10万余株；建立种植示范基地4处，面积700亩；带动泾源县等宁夏南部山区种植黑果腺肋花楸2.0万余亩，取得了良好的生态效益、经济效益和社会效益。

历经三年辛勤耕耘，在项目参与单位和技术人员通力协作下，付出终有回报，项目推广和研究达到了预期目标。将项目试验研究和示范推广中取得的一些成果汇集整理出版，为今后宁夏基层林业技术人员推广和广大种植者栽培黑果腺肋花楸提供参考，为宁夏黑果腺肋花楸产业发展和乡村振兴尽我们一份绵薄之力。

项目实施和本书编写得到宁夏林业和草原局、泾源县林业和草原局、泾源县气象局、固原市六盘山林业局等各级领导的鼎力支持和精心指导。也得到了宁夏林业研究院股份有限公司、种苗生物工程国家重点实验室、宁夏宁苗生态园林(集团)股份有限公司、宁夏富康源生物科技有限公司等单位大力协助和支持。宁夏大学蒋全熊教授花费大量心血对本书编写给予指导和审阅，黄河出版传媒集团阳光出版社马晖等老师精心修改和编辑。在此，表示衷心的感谢。

由于时间仓促，水平有限，本书在编写过程中难免有错误和疏漏之处，敬请各位专家学者和读者批评指正。

2022年2月22日

前　言

　　林木良种是科学绿化造林的物质基础，是林业建设的"根"和"本"，在生态环境建设中发挥着提高绿化造林质量、稳定生态系统和维护生物多样性的关键作用。优质林木良种对促进林草产业结构调整、提升林草产业竞争力、改善乡村生态环境、增加农民收入、推动现代林草事业高质量发展，促进乡村振兴具有重要意义。

　　习近平总书记强调，要下决心把民族种业搞上去，抓紧培育具有自主知识产权的优良品种；开展种源"卡脖子"技术攻关，立志打一场种业翻身仗。总书记的指示为新时代林木种质资源保护利用，确保林木种质资源安全，促进林木良种选育推广和应用指明了方向。引进国内外优良林木树种，驯化和选育适应宁夏种植栽培的良种，是加快宁夏黄河流域生态保护和高质量发展先行区建设，聚焦"六新六特六优"产业发展新格局，做大做强做优宁夏特色林草产业，加快美丽新宁夏建设步伐，促进人类与自然和谐发展的有效途径。

　　宁夏南部山区是宁夏精准脱贫和生态环境建设攻坚战的重要战场。为了进一步加快宁夏南部山区国土修复和农业农村产业结构调整进程，培育适应南部山区自然和社会经济条件的特色林草产业，助推乡村振兴，巩固精准脱贫成果。2017—2021 年，在宁夏林业和草原局大力支持下，宁夏国有林场和林木种苗工作总站联合泾源县林业草原发展中心等单位引进辽宁省选育的 "富康源 1 号"(*Aronia melanocarpa* 'Fukangyuan 1')黑果腺肋花楸良种，在宁夏固原市原州区、泾源县等地进行引种栽培试验，开展了"富康源 1 号"引种适应性试验研究,苗木繁育、种植栽培技术等研究。历时五年引种试验研究,结果表明,黑果腺肋花楸在宁夏南部山区可作为生态兼经济林树种进行推广应用。

本书全面介绍了黑果腺肋花楸研究与示范推广成果,为下一步加大黑果腺肋花楸林木良种选育和推广、突出重点难点实施科技创新和科技攻关、转化科技成果等提供了宝贵的经验,填补了黑果腺肋花楸在宁夏林木良种引进及选育栽培研究上的空白。

宁夏第十三次党代会提出实施生态优先、创新驱动发展、打造绿色生态宝地的战略部署,顺应人民群众对绿水青山的期盼,是宁夏林草人不忘初心奋力建设美丽新宁夏的动员令。今后我们要大力选育一批耐瘠薄、耐盐碱、抗病虫害、抗干旱的乔灌木良种,满足干旱、半干旱地区和特殊立地条件绿化造林的需求,对被实践证明适宜宁夏造林绿化用的乡土树种和引进的优良品种应尽快审认定或进行良种引种备案,全力提高宁夏造林林木良种使用率,助力宁夏黄河流域生态保护和高质量发展先行区建设。全区林草系统上下要切实将宁夏第十三次党代会精神转化为大抓发展、抓大发展和抓高质量发展的不竭动力,努力将习近平总书记关于"打一场种业翻身仗"的重要指示批示精神落地落实,以优异成绩迎接党的二十大胜利召开。

本书编委会

2022 年 6 月 6 日

目　录
CONTENTS

第一章 绪 论

第一节 宁夏黑果腺肋花楸引种试验研究的背景与意义

一、研究背景

黑果腺肋花楸[又称黑涩石楠 *Aronia melanocarpa*（Michx.）Elliot]系蔷薇科（Rosaceae）腺肋花楸属（又称涩石楠属 *Aronia*）多年生灌木，树高 1.5~3.0 m，果实为紫黑色的浆果，原产于美国东北部，分为果用型和生态型两类。该树种果实含有黄酮、多酚、花青素等多种对人体健康有益的成分，在欧美地区广泛应用于医药和功能食品工业，是集食用、药用、园林和生态等价值于一身的珍贵树种。在欧洲国家已经有 100 多年栽培历史，栽培技术日益成熟。

我国从 20 世纪 80 年代末引进花楸属 13 个品种，完成了驯化、繁育和栽培技术研究，获得多项科研成果。目前，我国黑果腺肋花楸处于迅速发展阶段，黑龙江、辽宁、新疆等省（区）已经完成了引种、驯化和规模栽培，形成系列配套技术。据资料报道，2018 年全国有黑龙江、辽宁、甘肃、新疆等 10 个省（区）栽培黑果腺肋花楸，面积在 10 万亩以上，产值 100 亿元以上。宁夏泾源县从 2016 年从辽宁省引进黑果腺肋花楸优良品种"富康源 1 号"试验栽培，截至 2021 年年底，面积达到 2.04 万亩，已开始结果。

宁夏南部山区（又称黄土丘陵区）是指多年降水量平均值在 350~500 mm 的地区，包括固原市的隆德县、泾源县全部，原州区南部、西吉县东部、彭阳县南部，总面积为 1.45×10⁴ km²，占全区国土面积的 22%。六盘山、月亮山、南华山等在其区域内。区域内降水条件较好,气温相对较低,水土流失问题突出,自然灾害频繁,农业生产水平低而不稳。1982 年中央将其作为专项扶贫地区。

2018 年,固原市党委政府深入学习贯彻习近平生态文明思想,探索实践"绿水青山就是金山银山"理念,紧紧围绕建设"六盘山生态经济区"战略决策,以构建山水美、业态美、城乡美、环境美、生活美"五美融合"发展新格局为目标,制定了《固原市"四个一"林草产业试验示范工程战略发展规划(2018—2022)》,出台了《中共固原市委市人民政府关于"四个一"林草产业发展指导意见》(固党发〔2019〕7 号),提出支持"一棵树、一株苗、一枝花、一棵草"产业发展,充分发挥"四个一"林草产业在生态建设、脱贫攻坚、乡村振兴、全域旅游中的产业引领作用,推进大生态与大扶贫、大产业、大旅游融合发展,努力将生态资源转化为富民资本。按照"县级主抓、乡镇推动、村为单位、农民为主体"的原则,实行市上统筹协调"四个一"林草产业政策措施,扎实推进"四个一"林草产业工程建设,走出一条生态优先、绿色发展的高质量发展新路子。

2018 年泾源县委、县政府将黑果腺肋花楸作为"一棵树"主要发展品种,在全县开展规模化、基地化种植示范推广。2019 年宁夏林业和草原局为支持宁夏泾源县巩固脱贫攻坚,加强六盘山水源涵养林和发展宁夏南部山区特色经果林建设,加大科技支撑,安排中央林业财政科技推广项目专项资金 100 万元,在泾源县实施"黑果腺肋花楸品种引进及高效栽培建设示范推广"项目。在项目实施中,宁夏国有林场和林木种苗工作总站联合泾源县林业和草原局、泾源县气象局、固原市六盘山林业局、种苗生物工程国家重点实验室(依托单位:宁夏林业研究所有限公司)、宁夏宁苗生态园林(集团)股份有限公司、宁夏富康源黑果花楸科技开发有限公司等单位,启动了"宁夏引种黑果腺肋花楸研究与示范"课题,开展了宁夏南部山区引种黑果腺肋花楸研究与示范品种引种工作。

二、研究目的和意义

本课题立项的目的,针对泾源县乃至宁夏南部山区半干旱半湿润黄土丘陵山区退耕还林和脱贫后续产业培育适宜经济林栽培品种少,农业产业化支柱产业少,农民增收不稳定、难以长久问题,引进适宜加工的优良经果林品种黑果腺肋花楸,加强黑果腺肋花楸栽培科技支撑,解决苗木繁育、种植栽培等系列配套技术难题, 以期更好地解决宁夏南部山区发展经济林缺乏适宜品种的问题,从而带动农村种植业结构调整,增加农民收入,促进当地加工业和旅游业发展,推动宁夏南部贫困地区巩固脱贫成果和乡村全面振兴。

第二节　黑果腺肋花楸的起源、分类和分布

一、形态特征

黑果腺肋花楸为落叶丛状灌木,高 1.5~3.0 m,冠径 1.5~3.0 m;成熟树体有 15~40 条主枝,当年生枝黄棕色,多年生枝红棕色或灰褐色,圆形皮孔明显,片状剥落;芽红褐色,锥形。叶片深绿色,单叶互生,叶面光滑,卵形或椭圆形,叶尖锐尖,叶缘微锯齿,网状叶脉,沿叶中脉表面分布黑色小腺体(此为腺肋花楸属的重要识别特征之一),秋叶深红。复伞房花序,花序柄被绒毛,由 5~40 朵小花组成,冠横径 6.0~8.0 cm,小花为完全花,花被 5 片,白色,花萼 5 片,离生,杯状,雌蕊子房上位,雄蕊离生,15~20 个,花药粉红色。果球形,梨果,果径 0.8~1.4 cm,果皮紫色,果肉暗红色,宿存;种子肾形,棕褐色,千粒质量 4.6 g;浅根系,主根不明显,侧根发达,集中分布于 10~40 cm 地表中。

二、生态学特性

黑果腺肋花楸抗逆性强。具有较强的耐寒性,可在−40 ℃低温环境下露地正常生长;在年降水量 600 mm 以上地区可自然生长无须灌溉;无明显病虫害;土壤适应范围大,从湿地到岩石边坡环境均能正常生长,喜微酸性土壤,土壤 pH 高于 8.0 时出现叶片黄化现象,少数品种能在 pH 8.5 的土壤中正常生长。喜光耐阴,能耐 50%以下的遮阴,但遮阴条件会降低果实品质。

三、树种起源及分布

达尔文在《物种起源》中阐明了这样的科学原理:自然界中生物的物种不是不变的,而是由低级向高级逐渐进化发展的。达尔文从家养动物中看到,由于按照不同的需要进行选择,一个原始共同祖先类型,即野生品种,可以被培养成许多形态特征显著不同的家养品种。同样,自然界的同一个种内个体之间的形态、习性差异越大,在适应不同环境方面越是有利,因而将会繁育更多的个体,分布更为广泛:随着差异的积累,分异(歧异)越来越大,原先的一个种就会逐渐变为一系列变种、亚种乃至不同的新种。

据王鹏、张衡锋等研究,黑果腺肋花楸原产于北美,种源地比较单一。据考证,北美丛林中的帕塔瓦米印第安人最早开始利用黑果腺肋花楸,他们将其制成御寒茶。北美殖民者还将黑果腺肋花楸的浆果和树皮作为一种止血收敛剂来使用。1803 年法国植物学家 Andre Michaux 首次将黑果腺肋花楸命名为 *Mespilus arbutifolia* var. *melanocarpa*,一种欧楂属植物,后又因其形态特征与野樱桃(*Prunus virginiana*)相似,被归为梨属。Weinges 等则从花青素构成相似的角度将其归为花楸属。目前,国际上已统一将其确定为蔷薇科(Rosaceae)腺肋花楸属(*Aronia*)。

该树种天然分布于北美大湖区东北部到阿帕拉契山脉上部山地沼泽之间,后来传入欧洲及苏联。目前,分布于俄罗斯(西伯利亚)、白俄罗斯、摩尔多瓦、乌克兰、保加利亚、捷克、斯洛伐克、东德、波兰、斯洛文尼亚、丹麦、英国、日本和中国等地均有引种栽培;我国辽宁(鞍山、丹东、朝阳、沈阳和铁岭等)、吉林、黑龙江、山东、甘肃、新疆、宁夏、江苏等地亦有引种栽培。

四、树(品)种分类

腺肋花楸属共有 16 个种(也有资料报道称有 20 个种),分布于北美和东亚。黑果腺肋花楸是腺肋花楸属内栽培最广泛的种之一,另外还有红果腺肋花楸(*A. arbutifolia*)也是北美的一种原生种,俄罗斯开发了四倍体大果黑果腺肋花楸(*A. ×mitschurinii*)和紫果腺肋花楸(*A. ×prunifolia*)。虽然黑果腺肋花楸起源于北美,但品种培育主要在欧洲和俄罗斯。黑果腺肋花楸主要有 9 个品种。其中 Morton、McKenzie 以及 *A. prunifolia* 3 个品种来源于美国,且都为绿化、观赏树种;4 个树种来源于波兰,分别为 Nero、*A. mitschurini*、Galicjanka 和 Hugin,主要以大果、高产品种为主;其他 2 个品种 Viking、Likernaya 分别来源于斯堪的纳维亚半岛和俄罗斯。主要用于规模性栽培的 4 个品种分别为 Viking、Nero、Galicjanka 和 Hugin。它们主要来源于波兰,并逐渐向世界各地推广。目前,国际上主要的栽培品种分布:Viking(芬兰)、Nero(捷克)、Aron(丹麦)、Galicjanka(波兰)、Hugin(瑞典)和 Rubina(俄罗斯)。

五、国内引种分布范围

中国的引种栽培历史可追溯到 20 世纪 90 年代,辽宁省干旱地区造林研究所在与朝鲜开展文冠果国际合作研究过程中,从朝鲜农业科学院资源植物研究所获得 1 个黑果腺肋花楸栽培品种(1990 年),此后又从俄罗斯(1998 年)引进 1 个品种,从美国(2001 年)引进 6 个品种,共 8 个品种,其中果用型品种 6 个,观赏型品种 2 个。2000 年以后,中国逐渐从美国、波兰和日本等国大量引种黑果腺肋花楸优良品种,并在辽宁、吉林、黑龙江、山东、江苏等多个省份大面积种植。

黑果腺肋花楸 20 世纪 90 年代传入我国东北地区,如今经过近 30 年的演化,其分布范围逐渐扩大。据相关资料报道,目前我国已获得来自全球腺肋花楸属的 3 个种源地所有 3 个种的 13 个品种,仅黑果腺肋花楸引进了 8 个品种,其中果用型品种 6 个,观赏型品种 2 个。已选育审定了"富康源 1 号"和"黑宝石"2 个黑果腺肋花楸良种,认定了"阿龙尼亚"花楸良种。我国辽宁省、黑龙江、内蒙古、河南、河北、山东、新疆、宁夏、陕西、甘肃等省(区)开始引种栽培。据何生湖在《黑果腺肋花楸价值及河西走廊产业开发前景分析》一文中介绍,截至 2018 年,全国的黑果花楸栽植面积达 10 万亩左右,分布在辽宁、新疆、山东、甘肃、宁夏、江苏等地,年产果实 20 万 t 左右,可提取花青素约 3 000 t,仅此一项就可实现收入上百亿元。

宁夏 2016 年引种"富康源 1 号"栽培,主要分布于泾源县。截至 2021 年年底,宁夏泾源县栽培面积达到 2.0 万余亩。此外,隆德县、原州区、西吉县、兴庆区等县区有零星引种试验,面积都不大。2019 年泾源县从黑龙江省黑河市又引种了"黑宝石"1.0 万株,在宁夏泾源县新民乡种植 10 亩,尚在栽培试验研究中,未大面积推广种植。

第三节　国内外黑果腺肋花楸引种研究进展

林木引种是引进驯化外来树种,选择优良者加以繁殖推广的工作,是提高林业生产水平的一种成本低、见效快的有效途径。中国先后引入木本植物有 1 000 多种,其中 50% 来自北美洲,32% 来自澳大利亚,6% 来自日本。北京林业大学沈国舫教授认为,引种是一项系统工程,一个外来树种从引进到推广,要经历从繁殖材料的引进、育苗、栽植、观测、筛选、扩繁和推广。树木引种中应努力避免盲目引进发展,从树木引种的成功和失败的事实来看,树木引种尤其要认真总结经验并系统地开展树木引种试验研究。

欧美国家对黑果腺肋花楸物候期观测、良种繁育、栽培等方面的技术研究已日益成熟。我国对该物种引种以来,许多学者相继在化学、药理、繁育和产品开发等领域展开研究并取得一定的成果,但从研究黑果腺肋花楸的文献分析来看,波兰文献数量世界第一,美国和保加利亚分列第二和第三,我国仅位居第 17 位。目前,国内外针对黑果腺肋花楸主要开展了其植物学特性、繁育技术、化学成分及功能等方面的研究。

黑果腺肋花楸相关产品研发方面,欧美和东亚一些国家对黑果腺肋花楸相关产品研发较为成熟,多种黑果腺肋花楸产品如食品、药品、化妆品、保健品等已在市场销售并取得相当可观的经济效益,相关产业也已建立和完善。我国对黑果腺肋花楸相关产品的研发还处于萌芽阶段,相关科学研究较少,研究者对黑果腺肋花楸产品的研发报道较少,仅有的十余篇文献报道中大部分是关于黑果腺肋花楸果酒的生产工艺研究。

一、国外黑果腺肋花楸引种研究

黑果腺肋花楸原产于北美东部,主要是作为观赏植物种植,后引入欧洲。19世纪黑果腺肋花楸种子从德国传入俄罗斯,最初只是作为一种观赏植物栽植在家庭花园中。从20世纪40年代开始,黑果腺肋花楸在俄罗斯西伯利亚地区逐渐成为一种经济型果树,用于生产果汁和酿酒。二战以后,黑果腺肋花楸逐渐扩展到白俄罗斯、摩尔多瓦和乌克兰。1976年黑果腺肋花楸从苏联传入日本。到20世纪80年代,黑果腺肋花楸被引种到保加利亚、捷克斯洛伐克、东德、波兰、斯洛文尼亚以及北欧的丹麦和英国。目前,波兰、捷克、斯洛伐克、俄罗斯、芬兰、德国、朝鲜等国都有种植基地,面积5万hm²。全球范围内以波兰栽培面积最大,达2万~3万hm²,而果实产品出口也仅限于波兰、加拿大、俄罗斯、保加利亚、匈牙利、捷克等少数国家,国际市场上每年交易量相当于鲜果实10万t左右。

欧美国家对黑果腺肋花楸物候期观测、良种繁育、栽培等方面的技术研究已日益成熟。特别是对黑果腺肋花楸生物学特性和适应性做了大量研究,取得了一系列成果。据有关资料报道,当黑果腺肋花楸从发源地美国引种至欧洲和东亚后,树高平均降低了0.5 m;叶片的长度和宽度分别增加了15~35 mm和7~10 mm,即叶片增大;花期由原来的7—8月份,提前到5—6月份;果实略微变小了1~3 mm;果实成熟期提前约3个月,且在欧洲地区自然落果率较高。这些改变体现了黑果腺肋花楸具有很强的适应性,它能够随着地理环境及气候条件的变化而发生改变,并对不利条件表现出抗性。

据张衡锋等研究报道,黑果腺肋花楸虽然原产于北美,但首先进行系统育种试验的却是俄罗斯植物学家Mitschurin,通过花楸属和欧楂属植物杂交,他最终获得两个栽培种Likernaja和Desertnaja Michurina,1982年,它们被确定为一个新种 *A. ×mitschurinii*,即四倍体大果黑果腺肋花楸。据王鹏研究报道,美国本

表 1-1　腺肋花楸在不同区域的生物学特征对比

地区	位置	树高/m	叶片长/mm	叶片宽/mm	花期	果实直径/mm	果实成熟期
北美	美国东北部	2.5~3.0	25~75	20~50	7月初至8月初	9~16	11月末至12月初,不落果
东欧	波兰及俄罗斯东南部	1.2~2.4	60~90	30~60	5月末至6月末	6~13	8月末至9月初,自然落果率80%~90%
中欧	德国中东部	1.3~2.4	60~90	30~60	5月末至6月末	5~13	8月末至9月初,自然落果率80%~90%
东亚	中国辽西地区及朝鲜北部	1.5~2.5	61~100	35~63	5月初至5月末	8~14	8月末至9月初,自然落果率低

土繁育的新品种主要以绿化、观赏为主。在美国密歇根州,从当地野生资源中筛选了新品种 Morton。此外, 在美国本土, 又发现了自然杂交的新品种 *A. prunifolia*。同时还种植 McKenzie、Viking 和 Nero 3 个品种。在波兰,奥比卡沃果树研究院(Research Institute of Pomolgy in Albigowa)的育种专家选育了高产品种 Galicjanka。欧洲育种专家根据当地的气候及地理条件,培育了高产、富酚品种,如 Viking、Nero、Galicjanka 和 Hugin。

在栽培技术研究方面,主要涉及抗逆性研究、丰产栽培以及提高果实多酚含量等方面。国外学者研究认为,黑果腺肋花楸适合于微酸性土壤生长,土壤最适 pH 为 6.1~6.5。但黑果腺肋花楸对土壤酸碱度的抗性较强, 可以在 pH 为 5.3~7.8 土壤条件下存活。加拿大拉瓦尔大学 Bussiéres(2008)等对泥炭土条件下的黑果腺肋花楸生长状况进行了研究,在 pH 为 3.7 的高酸性泥炭土上,通过合理施肥及土壤改良,可以使黑果腺肋花楸正常生长。Jeppsson 研究了施肥对黑果腺肋花楸 Viking 生长、产量、品质的影响,结果表明,植物生长和产量随着施肥水平的增加而增加,而色素含量和总酸随着施肥水平的增加而降低,N 50 kg/hm²+P 44 kg/hm²+ K 100 kg/hm² 可获得最大花色苷产量。波兰什切青农业大学 Skupień(2007)发现,黑果腺肋花楸在 Mn 和碱性肥(N,K 和 Si)及其协同作用下,果实中多酚类物质显著减少,对比样品的没食子酸含量由 2 377 mg /100 g, 减少到 2 105~2 182 mg /100 g。同时, 清除自由基的能力从 38.1%下降到 29.8%~1.6%。

在黑果腺肋花楸病虫害研究方面,Hahm 等首次报道,在韩国黑果腺肋花楸落叶上的斑点是由苹果褐斑病菌所致;国外资料报道,苹果蛆、棕纹蟥、樱桃果实的蠕虫、蝗虫、日本甲虫、柔飞、斑翅果蝇和牧草盲蟥等害虫都可能对黑果腺肋花楸的生长造成影响;在阳光不足的情况下,白粉病和花环菌可能对黑果腺肋花楸生长造成影响。但是,国外一些学者研究认为,由于黑果腺肋花楸植物体及果实内的多酚类物质能够在一定程度上抑制某些真菌或病毒的生长,这些病虫害都不能对黑果腺肋花楸造成致命威胁,且通过常规病虫害防治方法,即可解决问题。

二、国内黑果腺肋花楸引种研究

我国的黑果腺肋花楸引种栽培历史可追溯到 20 世纪 90 年代末,辽宁省干旱地区造林研究所在与朝鲜开展文冠果国际合作研究过程中,从朝鲜农业科学院资源植物研究所获得 1 个黑果腺肋花楸栽培品种,朝鲜是从捷克斯洛伐克引进的。2001 年,通过国际技术交流渠道,获得俄罗斯种源黑果腺肋花楸 1 个品种。2002 年 8 月,课题组到美国威斯康星大学麦迪逊分校园艺系及植物园考察腺肋花楸栽培和利用技术现状,并通过贸易购买方式引进黑果腺肋花楸 5 个品种、红果腺肋花楸 3 个品种和紫果腺肋花楸 3 个品种。黑龙江省黑河市林业科学院 2010 年从俄罗斯引进 1 个品种。因此,目前我国已获得腺肋花楸属所有 3 个种的来自全球 3 个种源地的 13 个品种。我国从国外引进了黑果腺肋花楸 8 个品种,其中果用型品种 6 个、观赏型品种 2 个。

近十年来,我国研究者广泛开展对黑果腺肋花楸栽培技术的研究,相关文献多达 40 余篇。对黑果腺肋花楸栽培种植技术的研究主要包括对其生态习性、栽植技术、浇水施肥、整枝修剪和病虫害防治等方面。

2018 年,景安麒、朱月基于文献计量的黑果腺肋花楸国内研究现状进行了分析和综述。综述显示,我国对黑果腺肋花楸研究呈逐年递增趋势(见图 1-1),关于黑果腺肋花楸的相关研究越来越受到我国科研工作者的重视。1991—2006 年的 15 年时间里,相关研究论文发表数量仅有 20 余篇,且大部分论文是对其繁殖栽培技术的相关研究。2006—2013 年,黑果腺肋花楸研究人员逐渐增多,每年发表的论文数量 5~10 篇;2014 年开始,我国对于黑果腺肋花楸相关研究发展迅猛,黑果腺肋花楸的相关研究报道大幅增加,仅 2017 年对其相关研究论文的发表数量多达 38 篇;2018 年预期能达到 40 篇以上,约为 2002—2012 年发表论文数量的总和(见图 1-1)。

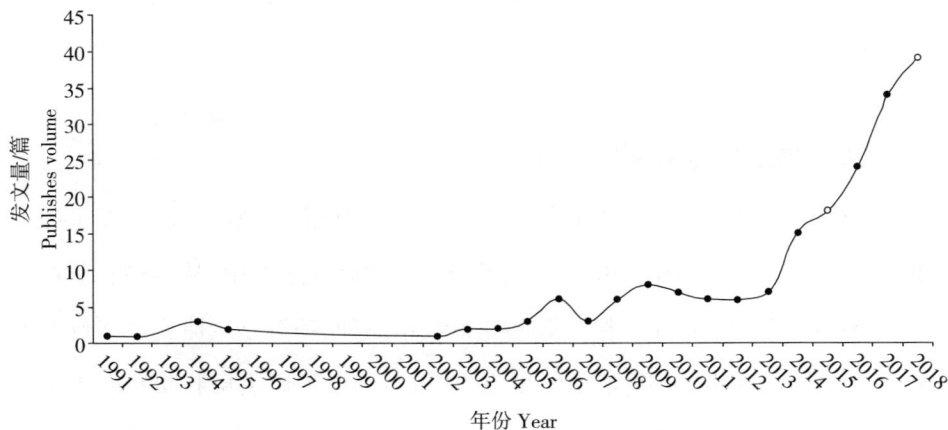

图 1-1　检索主题黑果腺肋花楸发文量与发表年度趋势

由图 1-2 可知,我国对黑果腺肋花楸的研究方向主要集中在繁殖技术、栽培技术、生物活性成分研究以及相关产品研发上。其中关于黑果腺肋花楸的繁殖、栽培和生物活性成分研究较多,对黑果腺肋花楸相关产品研发文献报道相对较少。

黑果腺肋花楸繁殖技术的研究主要包括嫁接技术、组培快繁技术、扦插技术和多倍体良种的培育等, 其中黑果腺肋花楸的组培快繁和扦插技术研究较多,且相关技术较为成熟。

在种植栽培研究方面,主要集中于园地选择和整地栽植、土肥水管理、整形修剪、病虫害防治等方面。辽宁省干旱造林研究所在此方面做了大量卓有成效的研究,取得了多项成果。

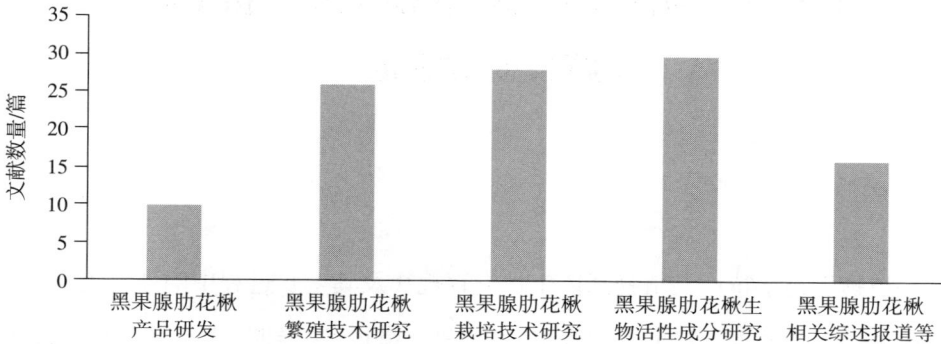

图 1-2 我国黑果腺肋花楸相关研究方向和文章发表数量

在黑果腺肋花楸活性物质提取纯化及结构的研究方面,对这些生物活性成分研究主要包括提取纯化工艺和相关性质(抗氧化、抑菌、稳定性、抗疲劳等)方向的研究。我国研究者对黑果腺肋花楸活性物质的研究层次较为简单,提取纯化工艺较为传统,缺乏创新性;其抗氧化性、稳定性以及抑菌性等体外性质研究也较为基础,极少涉及体内实验,或从细胞、分子水平等更深层次进行研究。国外研究学者不仅对黑果腺肋花楸生物活性物质的种类和结构进行广泛研究,并对其生理和药理活性进行深入探讨。

黑果腺肋花楸生理活性和药理活性研究方面,自 2014 年起,我国研究者开始对黑果腺肋花楸果实中生物活性成分进行探究,其中以黑果腺肋花楸多酚类物质研究最为广泛,其次是花青素、黄酮、原花青素等物质研究。我国研究者关于黑果腺肋花楸生理药理活性的研究报道甚少,而黑果腺肋花楸由于其含有丰富的活性物质可以预防和缓解多种疾病的发生,故对该方向的研究具有十分重要的现实意义,应该进一步加强。

第二章　国内黑果腺肋花楸生物学和生态学特性研究进展

植物生物学特性是植物个体生长发育规律及其生长过程中的性状表现,如形态、结构、功能等。这方面内容包括:生物学特征、物候期、营养生长节律及果实生长发育规律等。植物的生态习性主要指其生长发育规律的外部特征变化及其与环境条件的关系。如水分、空气、温度及其他物理、化学因素对植物的影响。

通过植物生物学和生态学特性研究,可以了解植物生长习性,是对其进一步开发利用的一种好方法。很多学者对绝大多数树木花卉等植物生物学和生态学特性进行了相当全面的研究,取得可观的研究成果。但是,黑果腺肋花楸在我国没有自然分布,而且我国引进此树种时间短暂,只有不到 30 年的时间。因此,国内学者对黑果腺肋花楸的植物生物学和生态学特性研究甚少,研究成果报道不多。

第一节　生物学特征研究

我国关于黑果腺肋花楸生物学特征研究报道,最早见于 1995 年李翠舫的黑果腺肋花楸形态学特征与生物学特性观察初报。在此文献中,李翠舫主要从树形、根、叶、花、果实这几方面介绍了其植物学特征。黑果腺肋花楸树形丛状,树高可达 3.0 m,树皮光滑,红棕色或灰褐色,具有明显的圆形皮孔;根系属浅根性,棕黄色,水平根发达,根不具有发枝能力;叶序互生,叶片为单叶,椭圆形,叶色深绿,革质,网状叶脉,叶先端渐尖,叶基圆形,叶缘重锯齿;花序为复伞房花序,花序柄上有绒毛,由 20~40 朵小花组成,花药为背着药,花为两性花,粉红色,花瓣白色,花萼离萼,绿色杯状,雌蕊子房上位,棉毛状;果实为梨果,球形,成熟果实果皮黑紫色,有光泽;果肉暗红色,果汁呈暗红宝石色,甜酸有涩味,每果实内含种子 2~5 粒;种子肾形,棕褐色。

2005 年,韩文忠等对辽宁建平地区黑果腺肋花楸的生物学特性进行了观测,对黑果腺肋花楸在辽宁建平地区的物候期、生长特性、开花结果等习性进行了简单的阐述,黑果腺肋花楸萌蘖力强,春季芽萌动较早,新梢停止生长与同科树种比较也较早,新梢在 5 月下旬生长最快,达到生长高峰期;从 6 月上旬开始,枝条生长逐渐转慢,至 8 月上旬大部分新梢长生长停滞。除此之外,在开花结实方面也进行了阐述,黑果腺肋花楸的花属两性花,花芽为混合芽,顶芽、侧芽均可结果;果实生长前、中期生长量纵径大于横径,后期横径大于纵径,5 月下旬果径增长速度较快,从 6 月下旬至 7 月中旬,纵、横径增长速度明显加快,呈高峰期,8 月下旬停止生长而进入成熟阶段。最后,还阐述了黑果腺肋花楸营养生长和生殖生长特性,当年生苗一级枝的生长为营养生长,一级枝第二年不开花、结果;二级(一级枝上直接着生的侧枝)以上的分枝形成的枝组结果,二级枝上可以萌生三级、四级枝,3 年生实生苗多都能萌生二级枝,第 4 年进入结果期。此后,枝组处于营养生长阶段还是进入开花结果阶段,主要与氮素营养水平密切相关。氮素营养水平较高,叶片肥大,新梢年生长量超过 30 cm,这样的侧枝仍处于营养生长期。因此,黑果腺肋花楸营养生长表现为苗期生长、树体基部细枝生长和树体新梢徒长。水分条件好的地块建园当年 98%以上树萌发细枝,每株树萌发 3~6 条细枝。一般成龄树基部萌发的细枝年高生长量可达 50~100 cm。建园一般采用进入生殖生长期的 3 年生苗造林,苗高 60 cm 以上,已分生二级枝,建园当年坐果株率可以达到 51.6%,第二年坐果株率 96.3%。

2017—2019 年张成霞等在江苏泰州市进行黑果腺肋花楸引种,对其生物学特性进行研究,在北亚热带湿润气候区长江流域,该树种表现出不同的生长特性,表明植物的生长物候特性与栽培地气候及栽培条件密切相关。

2018 年张衡锋在《黑果腺肋花楸的植物学研究进展》一文中认为,黑果腺肋花楸的叶片沿叶中脉表面分布黑色小腺体,是腺肋花楸属的重要识别特征之一;植物的生长物候特性与栽培地气候及栽培条件密切相关,所以黑果腺肋花楸在不同引种地区的生长特性也应各不相同。赵明优、陈君、亚里坤·努尔等学者也阐述了其植物学特征,研究结果与以上学者相似。

第二节 生态学特性研究

植物生态学是研究植物与植物、植物与环境间相互关系规律的科学。我国栽培种植的黑果腺肋花楸是从国外引进的,迫切需要对其生态学特性研究,特别是对逆境的适应情况进行系统性研究。在自然条件下,植物会受到各种不良环境的影响,这些对植物生长发育不利的环境称为逆境,植物在生长过程中经常会受到各种逆境的影响,导致植物受到伤害,严重时甚至死亡。

抗逆性是指植物抵抗不利环境的能力。因此,了解黑果腺肋花楸的抗逆性意义重大。国内对黑果腺肋花楸抗逆性研究,主要集中于土壤酸碱度、抗寒性、耐旱能力、抗病虫害能力、抗灾能力等方面,有多位研究人员发表了论文,成果斐然。

一、黑果腺肋花楸抗盐碱性

土壤是植物赖以生存的物质基础,其理化性质与植物生长密切相关,对植物的生长和产量产生显著影响。pH 是土壤酸碱性强度的重要指标,是土壤盐基状况的综合反映,对土壤的一系列其他性质有深刻的影响。土壤中有机质的合成与分解,氮、磷、钾(N、P、K)等营养元素的转化和释放,微量元素的有效性,土壤保持养分的能力都与土壤 pH 有关。

对黑果腺肋花楸对土壤酸碱度胁迫研究中,韩文忠认为黑果腺肋花楸适宜在 pH 为 5.5~7.5 的土壤上生长发育；王鹏对欧美国家种植黑果腺肋花楸种植技术研究,认为黑果腺肋花楸适合于微酸性土壤生长,土壤最适 pH 为 6.0~6.5,但黑果腺肋花楸对土壤酸碱度的适应性较强, 可以在 pH 为 5.3~7.8 土壤条件下存活。

王树全在 pH 为 5.9~6.7 的棕壤中引种成功。姜镇荣认为,pH≤7.5 时,生长发育良好,树势中庸,果实品质优良,高产稳产;7.5<pH<8.0 时,幼树有黄化现象,采取人工干预措施可痊愈,随着树龄的增大,加强田间管理,不再影响树体生长和产量;当土壤 pH≥8.0 时,成龄树叶片出现轻度黄化,影响树势,降低产量。

张衡锋等研究认为,黑果腺肋花楸抗逆性强,土壤适应范围大,从湿地到岩石边坡环境均能正常生长,喜微酸性土壤;土壤 pH 高于 8.0 时出现叶片黄化现象, 少数品种能在 pH 8.5 的土壤中正常生长。加拿大拉瓦尔大学 Bussiéres(2008)等对泥炭土条件下的黑果腺肋花楸生长状况进行了研究。Bussiéres 等认为,在 pH 为 3.7 的高酸性泥炭土上,通过合理施肥及土壤改良,可以使黑果腺肋花楸正常生长。

在耐土壤水溶性盐的含量研究方面,相关文献报道少,仅黄晗达对天津市津海区种植的黑果腺肋花楸生态适应性分析, 认为在 pH 为 8.02, 含盐量为 0.32% 的轻度盐碱地种植的黑果腺肋花楸能够正常生长发育, 但未对黑果腺肋花楸耐盐机理进行深入研究。

二、黑果腺肋花楸抗旱性

陆生植物最常受到的环境胁迫是缺水,当植物耗水大于吸水时,就使组织内水分亏缺,过度水分亏缺的现象,称为干旱。干旱现象得不到缓解,就会对植物产生旱害。旱害是指土壤水分或大气相对湿度对植物的危害,植物抵抗旱害的能力称为抗旱性。

多位学者对黑果腺肋花楸抗旱性进行了研究。2004 年马兴华、韩文忠首次对黑果腺肋花楸的抗旱性进行了研究,通过对叶片组织水分亏缺、束缚水、自由水和保水力等水分生理指标进行测定,结果表明,虽然黑果花楸叶片具有一定的抗脱水能力和保水力,但在同等栽培立地条件下,黑果花楸浅根性灌木不如深根性乔木树种抗旱能力强,在干旱半干旱地区,年降水量 500~600 mm 地区需要采取抗旱造林措施才能正常生长,在年降水量≥600 mm 的地区适宜种植。

胡艳在研究土壤干旱及复水对黑果腺肋花楸的生理特性影响时发现,随着干旱时间的延长,各项生理指标有所变化;干旱胁迫处理 30 d,黑果腺肋花楸叶片相对含水量仍然保持 70.29%,复水后各项生理指标有所恢复,说明其具有较强的抗干旱和恢复能力。

徐大猛等对辽宁省宽甸地区从北京植物园引种的黑果腺肋花楸栽培表现连续 4 年进行了观测,发现 6 月份连续干旱 35 d,试验地块在没有人为灌水情况下,黑果腺肋花楸新梢生长量达到 40 cm,没有受到大的影响。

王树全对沈阳地区种植的黑果腺肋花楸观测中发现, 在 5—6 月出现了连续 45 d 的干旱无降水的天气,没有进行灌溉的植株,当年生长量仅减少 5%,更没有死树现象发生。

宁夏对引种黑果腺肋花楸进行了土壤水分胁迫抗逆性试验和观测,结果表明,"富康源 1 号"和"黑宝石"具有较强的耐旱性,可在年均降水量 360 mm 以上的区域生存。连续 3 年在泾源县布点观察,在没有人工灌溉,在春季长达 45 d 累计降水量≤30 mm 的情况下,黑果花楸能够正常萌芽、抽枝和开花,说明黑果花楸具有较强的抗旱能力。

三、黑果腺肋花楸抗寒性

温度是植物生存的基本环境因子,对植物的生长具有决定性作用。低温不仅限制植物的分布,同时也影响植物生长和发育。按照温度和植物受害情况,将低温对植物的危害分为冷害(冰点以上)和冻害(冰点以下)。抗寒性是指植物在对低温环境的适应过程中,通过遗传变异和自然选择形成的一种抵御寒冷的能力。研究植物抗寒性,是为了采取有效措施降低低温危害,确保植物正常生长,提高产量。

国内在耐寒性研究方面起步较早,1993 年孙文生等采用电导率的测定方法对黑果腺肋花楸的抗寒性进行了研究,实验结果表明,黑果腺肋花楸比苹果更具有较强的抗寒能力,该树种幼树在引种区露地越冬所出现的一些伤害表现,可能有冻害原因,但也不能排除生理干旱(冻旱)的影响,但随着树龄的增大,其适应能力和树体抗寒能力的增强,该树种不需防寒也能安全越冬。

1995 年,毛才良和 T. 霍洛波维茨利用差热分析法研究,结果表明,黑果腺肋花楸是以深超冷机制越冬的树种,其枝条深超冷的最低温度大约为–37 ℃,其花芽和营养芽未见有深超冷越冬能力。

陈君用低温处理后水培观测腋芽恢复法研究,结果表明,不同种源的黑果花楸抗寒能力不同,但在冬春季受到–30 ℃低温危害后,80.6%以上的枝条能够恢复生长,受到–40 ℃低温危害后 63.5%以上的枝条能够恢复生长。

2019 年,冯建民对提高寒冷地区黑果腺肋花楸幼树抗寒能力进行了试验分析,结果表明,秋季使用植物生长调节剂多效唑+K_2HPO_4 或者 PDOG+K_2HPO_4 对黑果腺肋花楸幼树进行叶面喷施,能够很好地解决幼树越冬冻害问题,同时育苗地使用多效唑+K_2HPO_4 叶面喷施,能够控制树势,节省空间,还可以保持树势中庸,提高产量。

朱立国等人对从俄罗斯引进的黑果腺肋花楸在黑河地区表现进行观测,在冬季未进行埋土防寒保护的情况下,不同苗龄的黑果腺肋花楸第二年春季地上10 cm 以上枝条全部死亡,从基部可重新萌发新枝;埋土防寒的植株无冻害、抽条现象,可正常开花结实,这说明黑果腺肋花楸在黑河地区栽培冬季需要进行埋土防寒处理。

徐大猛等连续 4 年对辽宁省宽甸地区从北京植物园引种的黑果腺肋花楸栽培表现进行了观测发现,在绝对低温达–33 ℃,黑果腺肋花楸 3 年生苗新梢花芽及枝干没有冻害发生。王树全对沈阳地区种植的黑果腺肋花楸观测中发现,在气温降至−35.1 ℃时,3 年生幼龄植株,其新梢、腋芽及上年的 1 年生营养枝,均未发生冻害,均能正常萌芽、抽梢及开花。亚里坤·努尔对种植在北疆的黑果腺肋花楸进行了 3 年观测发现,在北疆−35 ℃低温干旱情况下,它可以安全越冬。

四、黑果腺肋花楸耐高温性

高温会抑制植物生长发育,严重时会造成植物萎蔫甚至死亡。在黑果腺肋花楸耐高温研究中,杨亚平对黑果腺肋花楸在山西地区引种表现进行观测发现,黑果腺肋花楸生长适宜昼温在 22~25 ℃, ≥30 ℃(不超过 35 ℃)高温会造成暂时萎蔫,虽不至死,但植株发生生理紊乱,严重影响生长。董玉得开展了长江中游的沿江丘陵地区黑果腺肋花楸引种试验,认为黑果腺肋花楸可以耐夏季 41 ℃高温。

五、黑果腺肋花楸耐涝性

植物各项生理活动都离不开水,但土壤水分过多或大气湿度过高都会破坏植物体的水分平衡,不仅影响植物的生长发育,而且还会影响植物的分布和群落结构。植物耐涝性指植物承受水淹的能力。研究植物耐涝性可以为植物育种、繁育和栽培提供科学的理论依据。

在黑果腺肋花楸耐涝性研究中,徐大猛等对辽宁省宽甸地区从北京植物园引种的黑果腺肋花楸栽培表现连续 4 年进行了观测发现,在 7 月下旬降水量达到 60 mm,试验地块个别位置土壤积水 2 d,这些植株生长未受到大的影响,但当年产量大幅度降低,说明该树种具有一定的耐涝性。

王树全对沈阳地区种植的黑果腺肋花楸观测中发现,在 9 月份连续 2 d 降水量为 50 mm,新栽植株没有受到严重影响,仅萎蔫 3 d,以后又逐渐恢复生长。

董玉得、张成霞对长江流域黑果腺肋花楸引种试验观测认为,黑果腺肋花楸在年均降水量 1 000~1 200 mm 种植,能够适应多雨气候,无积水危害。

六、黑果腺肋花楸耐阴性

植物耐阴性是指植物在弱光照条件下的生活能力,是植物为适应低光量子密度,维持自身系统平衡,保持生命活动正常而产生的一系列变化。它是由植物的遗传性和植物对外部光环境变化的适应性两方面决定的,是一种复合性状,是植物的一项重要性状。

在黑果腺肋花楸耐阴性研究中,公开发表的报道少,尚处于探讨阶段。杨亚平等研究了不同光照条件对黑果腺肋花楸苗期生长的影响发现,2年生苗木最适宜的光照强度是25%全光照。张衡锋、董玉得等人研究认为,黑果腺肋花楸喜遮阴环境,能耐50%以下的遮阴,但遮阴条件会降低果实品质。韩文忠等人研究认为,黑果腺肋花楸具有耐阴喜光的特性,在遮阴度50%以下的条件下,叶色浅绿,营养生长基本正常,但开花、结果量显著降低,可以在园林绿化中应用;在光照充足的条件下,开花、结果量大,果实品质上乘。

齐会娟等对大兴安岭地区6种浆果主要品质特性对比分析,表明不同光照强度花楸的营养成分和活性物质随着光照强度(颜色深度)的增强而增高,因此从营养成分角度考虑适宜生长在阳面,能够增加营养成分含量,缩短收获期。

七、黑果腺肋花楸抗病虫害能力

多位学者对黑果腺肋花楸抗病虫害特性进行了研究。李梦莎等通过多年观察认为,黑果腺肋花楸抗性强,少有病害,有少量虫害发生,主要是食叶类害虫如刺蛾等为害植株嫩梢,能自然控制,不需进行人工化学防治也不会造成果园经济上的损失。

董玉得等在安徽沿江丘陵地区开展了黑果腺肋花楸引种试验和栽培管理技术研究,结果表明,引种10年未发现病害,有轻微虫害发生,为食叶蛾类,可按常规方法防治,也可不防治。黑果腺肋花楸病虫害轻微,适宜发展绿色或有机栽培。

王鹏对欧美国家黑果腺肋花楸栽培技术进行研究发现,国外研究报道黑果腺肋花楸植物体及果实内的多酚类物质能够在一定程度上抑制某些真菌或病毒的生长,因此黑果腺肋花楸对病虫害的抗性较强,且容易防治。

综上所述,国内学者研究认为黑果腺肋花楸的生态学特性可概括为,抗逆性强,具有较强的耐寒性,可在-40 ℃低温环境下露地正常生长;在年降水量600 mm 以上地区可自然生长无须灌溉;无明显病虫害;土壤适应范围大,从湿地到岩石边坡环境均能正常生长,喜微酸性土壤,土壤 pH 高于 8.0 时出现叶片黄化现象,少数品种能在 pH 8.5 的土壤中正常生长;喜遮阴环境,能耐 50%以下的遮阴,但遮阴会降低果实品质。

但是,国内学者对黑果腺肋花楸抗逆性研究报道主要集中在黑果腺肋花楸抗寒、抗旱两方面,研究结果基本一致。对耐盐碱能力研究不够全面,只是给出了种植黑果腺肋花楸适宜土壤 pH 范围,对土壤的全盐含量没有进行深入的研究,对盐的忍耐机理未见研究报道,需要进行深入研究。对耐涝性、高温和光照对其生长发育情况还缺乏深入的研究,期待今后有更多的研究报道。

八、其他方面

目前,尚未见到黑果腺肋花楸对大气污染、土壤重金属污染等适应性方面的研究报道。

第三节　物候期研究

植物在长期的进化过程中,形成了与季节温度变化相适应的生长发育节律,称之物候。物候是指植物的生长发育过程中对温度的季节变化和水分变化的综合反应而产生的适应方式。随着温度和水分的变化,植物在整个生长周期内形成与之相对应的形态与生理变化。如大多数植物在春季温度升高时发芽、生长、继之出现花蕾;夏季高温下开花,结实和果实成熟;秋末低温条件下落叶、随即进入休眠以度过冬季低温寒冷季节。这种植物发芽、生长、现蕾、开花、结实、果实成熟、落叶休眠等每个生长发育阶段,称为物候阶段或物候期。

物候期是各年综合气候条件(特别是温度)如实、准确的反映,用它来预报农时、害虫出现期等,比平均温度、积温和节令更准确。通过物候期的观测可研究植物生长发育过程的周期性规律,为合理栽植和科学育种提供理论依据,对植物发挥其观赏效果具有重要价值。

国内多位学者对黑果腺肋花楸物候期进行了观测和描述。2003—2006 年,韩文忠等对辽宁建平地区黑果腺肋花楸的生物学特性进行了观测,对黑果腺肋花楸在辽宁建平地区的物候期进行了报道。据报道,在辽宁建平,黑果腺肋花楸4 月中上旬叶芽膨大,4 月中旬新梢开始生长,4 月中下旬展叶;5 月上中旬开花,5 月下旬坐果;7 月末果实变红,7 月下旬新梢长生长停止;8 月上旬果实转为紫色,8 月中旬果实转为黑色,9 月上旬果实成熟;10 月下旬落叶。从芽膨胀至落叶历时 198 d,从新梢开始生长至长生长停止历时 98 d;从幼果膨大至果实成熟历时 97 d,从芽膨胀到果实成熟需要 145 d;花期约 20 d,彩叶期约 20 d。

2014—2016 年,杜鹏飞、朱力国等对黑龙江省黑河地区从俄罗斯引进的"黑宝石"黑果腺肋花楸物候期进行观测调查,结果显示,在黑河地区,黑果腺肋花楸4 月末开始萌芽,5 月中旬展叶,6 月上旬进入盛花期,9 月上旬果实成熟,落叶期 9 月末至 10 月中旬,生育期 170 d 左右。

徐大猛等对辽宁宽甸地区种植的黑果腺肋花楸,连续 3 年进行物候观测,结果显示,在宽甸地区,黑果腺肋花楸 4 月上中旬芽膨大,4 月中旬新梢开始生长,4 月中下旬展叶;5 月上中旬开花,5 月下旬坐果;7 月下旬新梢长生长停止;8 月上旬果实转为紫色,8 月中旬果实转为黑色,9 月上旬果实成熟;10 月下旬落叶。从芽膨胀至落叶历时 198 d,从芽膨胀到果实成熟需要 145 d。花期约 20 d,从展叶新梢开始生长至生长停止历时 98 d。从幼果膨大至果实成熟约100 d。物候期与当地季节气候期吻合。

张成霞连续 3 年对江苏泰州市高港区引种的黑果腺肋花楸物候期观测,结果表明,3 月下旬芽开始膨胀,新梢生长期为 4 月中旬至 5 月中下旬,展叶期为

3月下旬至4月上旬,大多数初期开花在4月上旬,中旬为盛花期,花期20 d左右。4月下旬结果,6月中旬果实开始变红,6月下旬到7月上旬变黑,8月上旬成熟。叶片9月中旬变红,下旬到10月初叶片脱落。营养生长集中在4—6月,从发芽至叶落需180 d左右,从结果至果熟需100 d左右。因不同年份的温度、光照和降水量不同,对黑果腺肋花楸芽膨胀、展叶、开花、结果及落叶等时间也稍有变化。

此外,杨亚平、王树全、尹艳廷等也对各自地区引种的黑果腺肋花楸的物候期进行了观测调查,物候期基本与当地季节变化一致,符合植物生长发育一般规律。以上物候期观测研究没有和当地气象因子(特别是温度)结合起来,气象因子对黑果腺肋花楸物候的影响未进行分析,期待开展类似研究工作。

第四节　生长节律研究

植物的生长及其生理过程随着昼夜和季节而发生有节律性的变化,称之为植物生长节律。植物生长节律主要由植物种的生理特性所决定,同时也受环境因子、人为因素(人工使用外源激素)等外因的影响。植物生长节律包括枝条、果实及根系生长。搜索相关文献,国内对黑果腺肋花楸生长节律研究,公开发表的报道不多,仅搜索到4篇。

李翠舫1991—1993年对黑果花楸果实生长节律进行了研究。通过3年定点调查,结果表明,果径的增长,前期生长较快,从6月上旬至6月下旬,纵径呈缓慢上升趋势,而横径则从5月下旬开始一直呈下降趋势,增长速度缓慢;从6月下旬至7月下旬,果实纵横径增长速率均明显加快,果径增长呈现高峰期,而横径增长速率更快;7月下旬开始,纵横径停止快速生长,至8月下旬,果实进入成熟阶段,最终果实纵横径的累积增长量符合S型生长曲线,从落花到果实成熟共历时103~105 d。全年生长呈现二次高峰期,营养生长高峰主要集中在7月份之前,果实的生长高峰主要在5月中下旬和7月中旬。

尹艳廷 2004—2007 年对山西太原地区引种的黑果腺肋花楸生长节律进行研究,结果表明,在山西太原,黑果腺肋花楸新梢在 5 月下旬生长最快,平均新梢高生长 7.2 cm,径生长 0.05 cm,即生长高峰期;从 6 月上旬开始,枝条生长逐渐转慢,至 8 月上旬大部分新梢长生长停止,年平均生长量 29.1 cm;新梢径粗生长从 6 月上旬转慢,7 月中旬又开始加速生长,至 7 月下旬又缓慢下滑,8 月末生长逐渐停止,年平均径生长量 0.5 cm。

韩文忠对黑果腺肋花楸扦插苗生长节律和果实生长节律进行研究。结果表明,2 年生扦插苗新梢生长节律(见图 2-1)可知,6 月上旬新梢生长最快,新梢平均增长速度为 11.9 cm,中旬径粗生长为 0.08 cm,为生长高峰期;从 6 月下旬开始,枝条生长逐渐转慢,至 7 月中下旬大部分新梢停止生长,年生长量可达 54.5 cm。成树新生枝条长度平均约 20 cm。新梢径粗生长(见图 2-2)从 6 月下旬转慢后,又开始加速生长,至 7 月上旬有缓慢下降,至 8 月下旬生长停止,径粗可达 0.75 cm。连续 3 年对果实生长发育情况进行调查(见图 2-3),发现果实生长前、中期(5 月中下旬至 7 月中旬)生长量纵径大于横径,后期(7 月下旬至 8 月下旬)横径大于纵径。5 月中下旬果径增长速度较快。纵径从 6 月上旬开始下

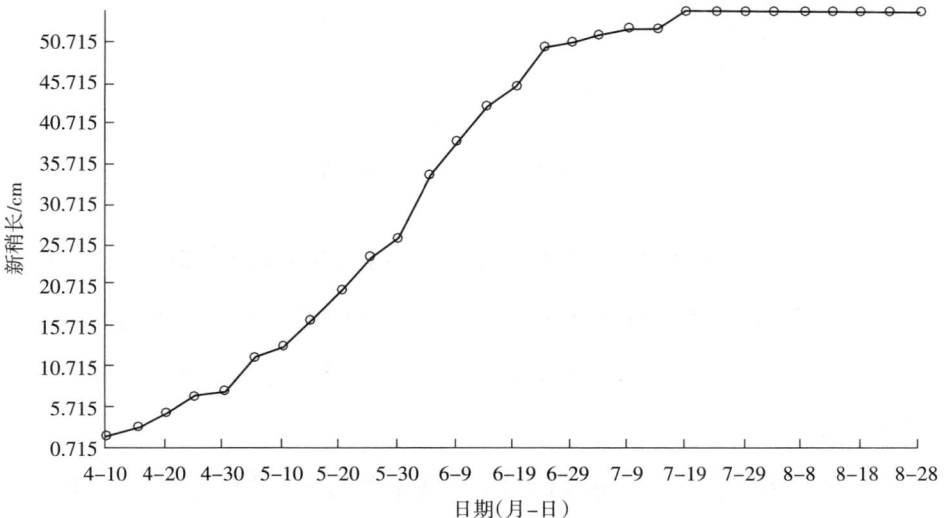

图 2-1　黑果腺肋花楸新梢长生长节律

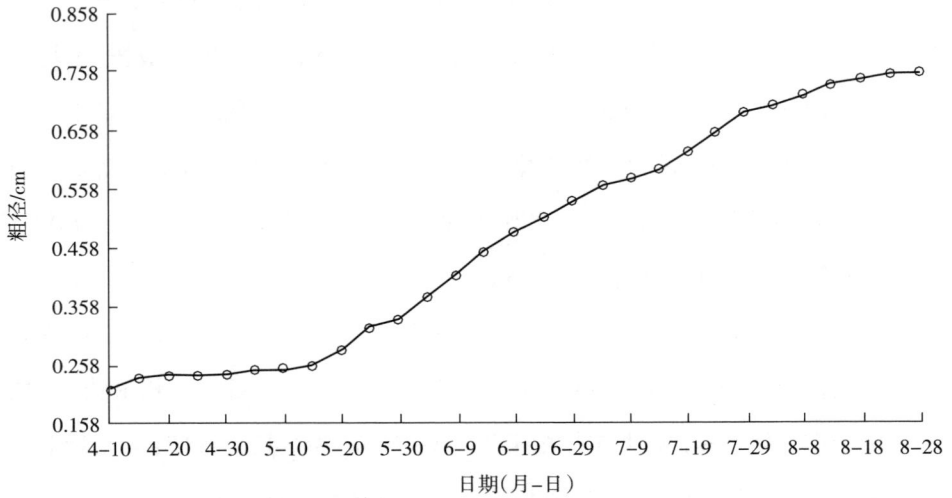

图 2-2　黑果腺肋花楸径粗生长节律

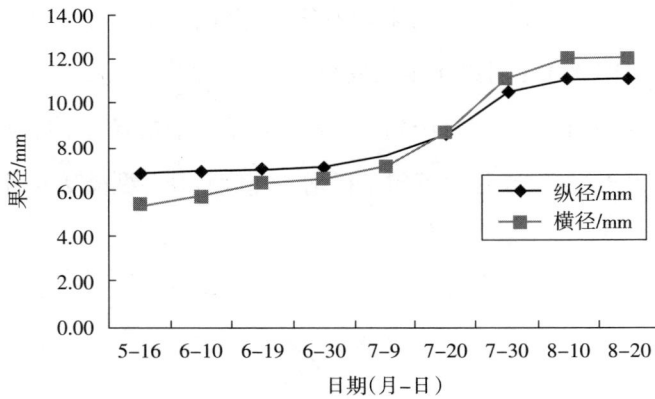

图 2-3　黑果腺肋花楸果实生长节律

降,中下旬又呈缓慢上升趋势。横径则从 5 月下旬开始一直呈下降趋势。从 6 月下旬至 7 月中旬,纵、横径增长速度均明显加快呈高峰期。从 7 月下旬开始增长速度迅速下降,8 月下旬停止增长而进入成熟阶段。果实生长节律与李翠舫研究结果基本相同。

董玉得等对安徽沿江丘陵地区黑果腺肋花楸生长特性观测表明,黑果腺肋花楸新梢在 5 月份生长最快,中旬平均长生长 7.5 cm、径粗生长 0.05 cm,即生长高峰期;从 6 月上旬开始,枝条生长逐渐转慢,至 7 月上旬大部分新梢长生长停止,年平均生长量 30.8 cm;新梢径粗生长从 6 月上旬转慢,7 月中旬又开始加速生长,至 7 月下旬又缓慢下滑,8 月末生长逐渐停止,年平均径粗生长0.5 cm。

第三章　国内黑果腺肋花楸种苗繁育和栽培技术研究进展

自国内引进黑果腺肋花楸后,在种苗繁育和栽培技术方面进行了深入的研究,发表了大量的论文。辽宁省干旱地区造林研究所在干旱半干旱地区黑果腺肋花楸种苗繁育和栽培技术方面研究较为突出,获得了多项研究成果,给全国其他省区引种栽培提供了借鉴。国内其他引种地区也相继开展了一系列针对性研究,种苗繁育和栽培技术日臻成熟。

第一节　播种育苗技术研究

种子繁殖是大多数植物繁衍后代赖以生存的主要方式,播种育苗是黑果腺肋花楸繁育可以采取的方法之一。由于黑果腺肋花楸种子具有休眠特性,种子播种成苗率较低,国内对黑果腺肋花楸播种育苗的研究较少。但是随着人们逐渐认识到黑果腺肋花楸的价值,对黑果腺肋花楸种苗的需求量越来越大。因此探索黑果腺肋花楸播种育苗技术,扩大苗木繁育和选择性育种尤为重要。

陈昕等研究认为,种皮障碍和存在萌发抑制物质是引起花楸属种子休眠的主要原因,黑果腺肋花楸种子需要较长时间的层积处理解除休眠才能萌发。因此,国内黑果腺肋花楸种子育苗研究主要集中在种子处理、解决种子休眠方面。目前主要运用高温低温层积变温处理和药剂处理等方法对种子进行处理。

韩彩萍等开展了黑果腺肋花楸同类植物欧洲花楸的发芽研究,研究表明,欧洲花楸先在 2.9 ℃下沙藏一段时间后再在 5 ℃下沙藏，发芽率可以达到 57.8%。陈君采取室内干藏、室外干藏、室内沙藏、室外沙藏、室内冰箱沙藏、雪藏 6 种贮藏方法，对黑果腺肋花楸种子进行处理后育苗，成苗率分别为 5.93%、11.13%、54.49%、75.24%、93.18%和 96.27%，雪藏效果最好。

王小菲等采用 3 种外源激素对黑果腺肋花楸种子进行处理，研究黑果腺肋花楸播种前与发芽率的影响研究。结果表明，外源赤霉素(GA3)处理对黑果腺肋花楸种子萌发的促进效果不明显，较低浓度的赤霉素并不直接影响花楸种子的萌发；6-卞基腺嘌呤(6-BA)处理可促进黑果腺肋花楸种子的萌发，200 mg/L 6-BA 溶液中对种子萌发的促进效果最佳，能提高种子发芽率；脱落酸(ABA)处理对黑果腺肋花楸种子萌发的促进效果不明显。范丽颖等开展了黑果腺肋花楸同类植物花楸发芽率研究，研究结果表明，赤霉素对种子发芽具有正向刺激作用，但是高浓度的赤霉素处理过的种子，发芽率明显下降。佘萍等研究发现，黑果腺肋花楸同类植物欧洲花楸采用赤霉素和沙藏结合处理情况下，种子的发芽率和发芽势最强。郭金雪研究发现，黑果腺肋花楸种子在 200 mg/L 的赤霉素处理下发芽率和发芽势最高，发芽率在 50%~55%。

朱力国、徐福成等以春播和秋播两种播种方法介绍了黑果腺肋花楸播种育苗技术，秋播采用条播的方式进行，播种前对种子进行播前处理后，进行露地播种，播后浇透防寒水，上方覆盖草帘子，浇透水，次年出苗前及时补水；秋播出苗早而整齐、成苗率高、苗木生长健壮，抗性强；春播同样采用条播的方式进行，将秋季收回的种子进行前期处理，在播种前的 5~7 d 将种子取出，适时播种；播后立即浇透水，然后上方覆盖遮阴网，从播种到幼苗出齐前保持土层湿润，一般 10 d 左右开始出苗，出苗率一般可达 70%以上。

马冬箐通过种子前期处理、苗床准备、播种、苗期管理 4 个方面阐述了黑果腺肋花楸播种育苗技术发现，春播当年出苗，一般 10 d 左右即可出齐；秋播后次年 3 月出苗，一般出苗率可达到 70%以上。

综上所述，黑果腺肋花楸播种繁育发芽率较低，最高才达 70%以上。究其原因,黑果腺肋花楸种子具有较深的休眠特性。引起休眠的原因可能为胚尚未成熟、具有坚硬的种皮和种内具抑制发芽的物质。通过低温层积处理、变温处理、温水浸种、化学药剂腐蚀种皮等方法打破黑果腺肋花楸种子的休眠,提高其发芽率。在生产中由于黑果腺肋花楸虽然播种繁育发芽率较低,但育苗投入产出比高,黑果腺肋花楸作为生态经济林等大规模种植时,适宜采用播种育苗繁育方式。同时,由于种内果实和种子性状存在着丰富的种源间、种源内变异,遗传改良潜力很大,可用作优良种源、优良群体的选择材料。

第二节　扦插繁育技术研究

扦插繁殖是利用植物营养器官具有的再生能力、能发生不定芽或不定根的习性,切取茎、叶、根的一部分,插入基质中,使其生根或发芽成为新植株的繁殖方法。扦插的种类有嫩枝扦插、硬枝扦插、根插、芽叶插等。

黑果腺肋花楸自引进我国后,相继开展了相关的扦插育苗试验研究。由于黑果腺肋花楸不是我国的本土树种,虽然国内在其扦插繁殖方面开展研究时间晚,但获得成果在实践中被广泛应用。研究嫩枝扦插繁育苗木人员较多,形成了较为成熟的技术。而研究硬枝扦插人员少,公开发表的论文也不多,需要进一步深入研究。

在黑果腺肋花楸采用扦插繁殖方式研究中,1994年马兴华首次进行了简单的硬枝扦插试验,阐明了硬枝扦插的最佳时间和硬枝扦插成活率,但没有具体阐明扦插过程中使用的基质和扦插过程中需要注意的问题等。此后,马兴华等采用正交试验设计研究发现,采用ABT2号生根粉和吲哚乙酸生根粉混合的方式对插条进行处理,成活率最高,但是仅为66.7%。郭晓凡进行了扦插试验,结果表明,生产中硬枝扦插不宜大面积采用,嫩枝扦插比硬枝扦插成活率高,扦插基质效果最好的为蛭石和河沙。

黑果腺肋花楸嫩枝扦插报道,最早见于2008年,龙忠伟采用全光照喷雾措施,运用的生根粉为 ABT1 号,激素浓度为 100 mg/kg,大大超越了前人硬枝扦插试验的成活率,达到了 91%。

赵明优对黑果腺肋花楸进行了裸地嫩枝扦插, 采用 ABT1 号生根粉,在 200 mg/L 浸泡 2 h,成活率达到了 90% 以上。张晓燕等采用正交试验设计对黑果腺肋花楸嫩枝扦插进行了研究,结果表明,扦插部位是影响根生长的主要因素,扦插基质次之,生根粉浓度影响最小,生产中宜选择绿枝上段为插穗。陈君在黑果腺肋花楸生物学特性和种苗繁育技术研究中表明, 嫩枝扦插是最佳的扦插繁育方式。

在不同基质对黑果腺肋花楸嫩枝扦插影响的研究中,王淑娟利用三种不同基质处理方式对嫩枝扦插进行了比较,研究结果表明,3 种不同基质处理对黑果腺肋花楸嫩枝扦插成活和生长产生了较显著的影响;与原土相比,3 种基质加入不同比例的草炭,利用草炭作为栽培基质的优势,能更好地提高黑果腺肋花楸嫩枝扦插成活和生长效果;其中,原土：草炭土：珍珠岩=1：3：1 能很好地提高扦插幼苗的成活率、地径和苗高的生长以及地上部分和地下部分生物量的累积,成活率可以达 88.33%,苗木生长量最大,苗高和地径分别达到 23.13 cm 和 3.16 mm,地上和地下生物量累积最高分别为 4.92 g 和 2.61 g。

陈君等采用单因素随机试验,对不同基质的黑果腺肋花楸硬枝扦插育苗成效进行研究,结果表明,采用不同基质生根率显著不同,纯草炭土、草炭土和河沙(1：1 配置)、纯河沙生根率分别为 83.44%、66.67% 和 54.44%。李根柱等研究了不同基质对黑果腺肋花楸扦插成活率的影响,结果表明,草炭土含量高可以提高黑果腺肋花楸的成活率。

在研究外源性激素处理对扦插育苗影响研究中,潘越等通过不同外源激素浓度对其嫩枝扦插生根效果的影响,基于主要成分分析法对各处理组合的扦插效果进行了综合评价,结果表明,经不同浓度外源激素处理插穗生根性状影响较大,其中分枝数、一级根数、二级根数和根长变异程度较大,达 70% 以上;综合得分来看,经 500 mg/L 的 ABT1 处理综合得分最高,插穗根系最多;经 800 mg/L

激素处理的插穗次之,生根率与苗高最高;对照生根性状各项指标均为最低;在生产推广过程中应根据育苗需求有选择性地配置激素浓度。

艾志强等以 2,4-D、吲哚乙酸、萘乙酸 3 种植物生长调节剂进行黑果腺肋花楸扦插生根影响试验,结果表明,3 种植物生长调节剂在优化始生根时间、生根率、生根数量和根长等方面作用显著,其效果均随浓度递增而递减;2,4-D 对黑果腺肋花楸扦插生根影响最为显著,其中用 2,4-D 20 mg/L 处理的促生根效果最佳。

陈君等采用单因素随机试验,不同生长素及浓度对黑果腺肋花楸硬枝扦插育苗成效进行研究发现,不同浓度的 NAA 和 6-BA 对黑果腺肋花楸硬枝扦插的生根率存在显著影响,以 NAA 100 mg/L 和 6-BA 50 mg/L 处理生根率最高,平均根长最长,平均根数最多。

自黑果腺肋花楸引种至今,经过研究人员不懈努力,我国在黑果腺肋花楸嫩枝扦插方面的研究已经相当成熟。目前,黑龙江省、辽宁省已经制定了地方育苗技术规程,建立了苗木繁育基地,实现了规模化、标准化繁育生产,能够满足区域化栽培和产业化发展需要的优良种苗。

第三节　嫁接繁育技术研究

嫁接是人们有目的地将一种植物的枝或芽等组织,接到另一株植物的枝、干或根的适当部位上,使两者形成层结合生长在一起,形成一个新的植株,称为嫁接。用于嫁接的枝或芽称为接穗,承受接穗的植株称为砧木。我国树木嫁接技术历史久远,源远流长,嫁接繁育是林木苗木繁育主要技术之一。

关于黑果腺肋花楸嫁接试验的研究,据资料查阅可知,罗凤琴在 2009 年进行了相关的试验研究,用花楸树[*Sorbus pohuashanensis*(Hance)Hedl.]、山荆子(*M.baccata*)、山毛桃(*P. davidiana*)、毛樱桃(*P. tomentosa*)作砧木,采用劈接、腹接、切接、舌接、插皮接 5 种方法;对接穗采用 5 种保湿措施:石蜡、黄蜡、接穗表面缠绕塑料、接后套塑料袋、埋土封穗进行单因素育苗嫁接试验。结果表明,最佳的砧木为花楸树,最佳的嫁接方式为劈接,接穗封闭石蜡、黄蜡、塑条、套袋,对接穗保湿和促进嫁接成活效果都很好,都达到90%以上;而以封蜡效果更为突出能达到94%以上,埋土保湿效果差只有65.4%,不采取任何措施作对照达到54%。

陈君用李子树、山杏树和百花花楸三种不同的蔷薇科植物作为砧木,运用劈接、腹接和插皮接3种嫁接方式对黑果腺肋花楸进行嫁接,试验结果表明,李子树和山杏树作为砧木嫁接黑果腺肋花楸,成活率都达不到生产要求,而百花花楸作为砧木嫁接,成活率达到生产要求,最高成活率达到94.44%;因此,黑果腺肋花楸采用嫁接育苗可行,最佳的砧木为百花花楸,最佳的嫁接方法为劈接。

韩俊革等采用与黑果腺肋花楸同科的杜梨和八楞海棠作为砧木,进行嫁接试验。结果表明,无论芽接还是枝接,全部成活,说明黑果腺肋花楸与杜梨和海棠亲和力强;同时发现,杜梨枝接的成活与生长情况要强于八楞海棠枝接效果,从苗木高度、粗度衡量,前者明显强于后者;用杜梨嫁接的黑果腺肋花楸苗没有出现叶片黄化现象,但用海棠嫁接的黑果腺肋花楸苗叶片大多出现了黄化现象,生长很差。生产中,嫁接繁育黑果腺肋花楸最好采用杜梨作砧木。

对于黑果腺肋花楸嫁接试验研究,我国正处在起步阶段,目前研究只表明劈接为黑果腺肋花楸最佳嫁接方式,但是对于其砧木的最佳选择、接穗的最佳选择、接穗方式等方面都没有进行系统地研究,后期可针对砧木、接穗的选择、嫁接的方式等方面开展进一步的研究。嫁接技术不仅可以保持原品种特性,而且其后代不会发生变异、分离,嫁接时选择适宜的砧木,还有抗干旱、抗水涝、抗病虫害、抗盐碱等特性,能提高适种范围,也可以加快开花结果进程,生长强劲、繁殖速度快,使果树矮化、改换原有的劣种等方面优越性。国内各科研单位、生产单位应积极开展黑果腺肋花楸嫁接育苗试验研究,期待有更好更多的成果。

第四节　组培繁育技术研究

　　组织培养是利用植物体的器官、组织或细胞,通过无菌操作接种于人工配制的培养基上,通过生物化学和物理环境条件的控制,在一定的光照和温度条件下培养,使之被诱导、增殖,然后再生成为完整的植株。这是当前最新的和报道最多的无性繁殖方法,可作为植物遗传学的一种研究手段。

　　目前,植物组织培养技术在苗木繁育方面被广泛采用,且效果较好。对于黑果腺肋花楸,国内研究人员主要选用茎段、茎尖、顶芽、侧芽等材料,采用 MS 培养基,运用 NAA 和 IBA 或 6-BA 相互组合的方式对其进行组织培养繁育。

　　我国最早黑果腺肋花楸组培繁育研究报道,见于 2002 年,王志以带侧芽茎段为试材发现,6-BA 1 mg/L+NAA 0.1 mg/L,6-BA 2 mg/L+NAA 0.2 mg/L,6-BA 3 mg/L+NAA 0.3 mg/L 时增殖效果好,芽分化率 100%,苗高度适中、健壮;生长素浓度为 IBA 0.3~0.4 mg/L 或 NAA 0.2~0.3 mg/L 时生根效果好。

　　李冬杰通过实验发现,MS+0.5 mg/L 6-BA+2 mg/L IBA 为黑果腺肋花楸试管苗最适宜的增殖和继代培养基。张利萍也进行了相关研究,研究结果与李冬杰一致,同时得出移栽基质以纯沙为最好,成活率达 98% 以上。

　　龙忠伟等根据黑果腺肋花楸的生态学特性和组培瓶苗生理结构特点,利用辽西夏季 6—7 月的气候特点,进行组培瓶苗的日光锻炼,移栽驯化。经过 4 个月精心养护管理,培育出地径在 0.5 cm、苗高在 25 cm 以上的壮苗,成活率 81%。该技术是黑果腺肋花楸组培瓶苗炼苗移栽的新途径,为黑果腺肋花楸组培工厂化育苗提供技术参考。

　　高晔华在黑果腺肋花楸组培苗生根培养及驯化的研究中发现,适宜黑果腺肋花楸移植苗的基质为腐质土∶沙土=1∶1,且当培养基为 1/2MS+0.6 mg/L IBA+1.5 g/L 活性炭+30 g/L 蔗糖+7 g/L 琼脂时植株生长健壮,生根率为 100%。刘青等在 MS+6-BA 0.5mg/L+0.2 mg/L NAA 培养基上继代一次,茎段上的每个芽平均分化 5.87 个芽,采用 1/2MS 培养基进行生根试验,发现在培养基里面加入 IBA 0.5 mg/L 达到了理想的效果,生根率为 100%。

高方可为了简化培养程序,降低培养成本,以黑果腺肋花楸组培苗为试材,研究试管苗大小、扦插基质、生长素种类及生长素浓度对其瓶外生根的影响,结果表明,当试管苗大小为 4.1~6.0 cm,在基质为珍珠岩:草炭土:蛭石=1:1:1,生长素为 IBA,浓度为 1 000 mg/L 时,达到最佳效果。

李建勋等以黑果腺肋花楸组培苗茎尖、叶片和继代愈伤组织为材料,探索秋水仙素不同浓度和不同处理时间对不同外植体诱导的愈伤组织的影响,结果表明,不同外植体的存活率和出芽率随秋水仙素浓度的增高和处理时间延长而降低;其中,黑果腺肋花楸愈伤组织的存活率高于茎尖和叶片;经秋水仙素处理后,3 种外植体均能诱导多倍体发生,当秋水仙素浓度为 2 000 mg/L,处理时间为 24 h,增殖系数最高,而且成功诱导并获得了四倍体黑果腺肋花楸植株。

赵健竹等进行黑果腺肋花楸组织培养试验,结果表明,茎尖诱导不定芽效率最高,效果最好,茎段和叶片作为外植体诱导率很低,确定茎尖是不定芽诱导的最理想材料。

程远对黑果腺肋花楸进行组织培养研究,结果表明,WPM+6-BA 2.0 mg/L+IBA 0.2 mg/L+2% 蔗糖,最适合作黑果腺肋花楸诱导的培养基,诱导率达到96%;而最适宜生根的培养基为 WPM+NAA 0.1 mg/L+IBA 0.2 mg/L+2% 蔗糖,生根率为 90%;移栽 30 d 后,成活率达到 90% 以上。

刘行等人为筛选出黑果腺肋花楸的最适培养基和基质,以黑果腺肋花楸嫩芽为材料,进行组培快繁技术研究,结果表明,黑果腺肋花楸最适宜的增殖培养基为 MS+0.3 mg/L NAA+1.0 mg/L 6-BA,最高增殖系数达到 9.73;继代苗的生根培养以 1/2 MS+0.6 mg/L NAA 为最佳,最高生根率达到 100%;移栽驯化基质配比以蛭石:草炭土=2:3 为最佳,最高成活率达到 98.2%。

刘长红从外植体的采集、贮存与处理,以及培养基制作、接种、初代培养、增殖培养、壮苗培养、生根培养、炼苗、驯化、移栽、定植等方面总结了黑果腺肋花楸组培育苗技术。

柳晓东对黑果腺肋花楸组培育苗关键技术进行了介绍,包括所需仪器设备及试剂耗材、培养环境及培养基配方、外植体灭菌及诱导培养、增殖培养、生根培养、炼苗、移栽和栽后管理等方面内容,以期为黑果腺肋花楸组培工厂化育苗提供技术参考。

综上上述,关于黑果腺肋花楸组织培养繁育,大家对最适宜诱导增殖和生根的培养基组合结论基本一致。由此可见,黑果腺肋花楸组织培养相对容易,对于组培相关的分化、愈伤、生根、移栽等关键技术在我国已经基本解决。但是,由于组培繁育种苗成本高,技术要求高,需要设施设备,不适合规模化生产。因此,后期应借助黑果腺肋花楸组培繁育相关成熟技术手段,可以开展愈伤诱变育种、倍性育种等方面的研究和应用。

第五节　栽培技术研究

我国广泛地开展了黑果腺肋花楸栽培技术研究,研究内容主要集中于园地选择和整地栽植、土肥水管理、整形修剪、病虫害防治等方面。

一、园地选择和整地栽植技术

2008年,韩文忠、龙忠伟首次对黑果腺肋花楸整地栽植方面进行了研究,种植黑果腺肋花楸园地宜选择土壤pH<8.0,壤质、黏质或细沙质,土层厚度>40 cm,坡度<30°的土地;依据地形采取不同的整地技术,一般平地采用矩形整地,坡地沿等高线水平整地;在整好地上挖定植穴,栽植穴规格:40 cm×40 cm×40 cm,株行距2 m×3 m;按"三埋两踩一提苗"的原则进行栽植,浇透水,水渗后穴表面覆干土。

姜镇荣对黑果腺肋花楸在三北地区栽植的坡地与平地两方面整地技术进行了研究,坡地种植宜选择坡度<30°,整地方式沿等高线修筑梯田、鱼鳞坑等,

栽植穴规格 40 cm×40 cm×40 cm；平地整地方式为矩形整地，栽植穴规格与坡地相同；栽植时，选择苗高>60 cm，地径>1.0 cm，分枝 2 个以上的苗木进行栽植。

赵明优对"富康源 1 号"栽植技术进行了详细阐述，园地应选择年降水量≥500 mm，阳坡、半阳坡，坡度≤15°，土层厚度≥30 cm，地下水位≤1.5 m，排水良好处建园；整地分平地和坡地两种方式，平地整地在定植前按设计的株行距以栽植点为中心，挖长、宽、深各 40 cm 的定植穴，穴底施入经过腐熟的农家肥，施肥量 10 kg/株，回填地表土；坡地整地在种植前按规划设计沿等高线挖沟，将上层熟土置于沟上沿，下层生土堆于沟下沿，挖好沟后，用挖出的熟土和沟上沿表层土壤回填，同时利用杂草或绿肥作物分层压青或施入有机肥，在水平沟整地的同时或之后修成环山等高梯田；栽植实行宽行密植的栽植方式，株距 1.5 m，行距 2.5 m；栽植前将苗木进行分级挑选，剔除不合格苗，将苗木根系在 10~20 mg/kg ABT 生根粉水溶液中浸泡 30 min。此外，赵明优还介绍了半干旱丘陵地坡地整地方法，在坡度平缓或坡度虽陡但坡面平整、土层较厚的山地沿等高线带状整地；方式有水平槽整地、水平沟整地、水平阶整地、反坡梯田整地和鱼鳞坑整地等。

张红对栽植在沈阳市法库县的黑果腺肋花楸栽植技术进行了总结发现，土地应选择棕壤土较为宜，要求选择平地或坡位中下腹，相对高差 200 mm 以内，坡度≤30°，土层厚度≥40 cm，土壤质地黏质、壤质或轻壤质，土壤 pH 5.0~7.5，地下水位>1 m（丰水期），排水通畅的地块，栽植穴规格 70 cm×100 cm×100 cm，栽植株行距 0.7 m×2.0 m，密度 7 100 株/hm²。

2017 年，韩文忠、姜镇荣发现，黑果腺肋花楸适宜栽植地区为年降水量≥500 mm，无霜期 125~180 d，年均气温≥5 ℃，≥10 ℃的年有效积温≥2 500 ℃，极限低温≤-35 ℃，年日照时数≥2 500 h，土壤 pH≤7.5。

二、土肥水管理

2008 年 Bussieres 在拉瓦尔大学发现，黑果腺肋花楸在泥炭土中也能生长，同年他通过研究发现,当土壤中 pH 低于黑果腺肋花楸正常生长的 pH 时,通过改良土壤和施肥调控,可以使其恢复正常生长状态。

姜镇荣利用配方施肥的方法探究最佳施肥方法和施肥量,结果表明,单施氮肥造成减产,中量氮肥与低量磷肥配合施用不减产;随着磷肥施用量的增加,增产效果显著;施用钾肥增产显著,最佳施肥配比为 $N:P_2O_5:K_2O=1:1:0.66$;次年,姜镇荣等人再次利用配方施肥的方法研究施肥对黑果腺肋花楸抗寒性的影响,结果表明,单一施用氮肥使新梢抗寒性降低,氮、磷或氮、磷、钾配合施用能够提高新梢抗寒性。

张永顺研究发现,黑果腺肋花楸喜欢微酸性至中性的土壤,pH>8.5 时,就会出现缺铁性黄化现象,严重时会发生全株死亡,所以当 pH>7.0 时,就要降低土壤 pH,可以春季施肥时在土壤中施入硫黄粉,一般 pH 每降低 0.1 需施入硫黄粉 1.3~1.5 kg。

赖淑丽针对黑果腺肋花楸水分管理方面进行了阐述,在灌溉方面,降水量<600 mm 的地区,每年需要浇灌 2~3 次,重点是要浇上"关键水",其中早春浇化冻水、入冬前浇结冻水必不可少;在排水方面,注意防止积水;地下水位较高的涝洼地以及降水量≥600 mm 的地区,要修挖排水沟。

亚里坤·努尔对新疆地区的黑果腺肋花楸的浇水方面进行了阐述,栽完首次浇水定根,栽苗后 5~7 d 灌第 2 次水,15~20 d 后灌第 3 次水,40~50 d 灌第 4 次水;黑果腺肋花楸比较耐旱,以后根据土壤和天气降水情况每月灌水 1~2次;在进入落叶至落叶完毕,植株地上部分虽然进入休眠期,但地下部分根部组织细胞还在少量活动,此时也应进行 1 次灌水,有助于越冬及翌年春季开花结果。

2020 年赵明优对黑果腺肋花楸无公害栽培管理技术进行了阐述,在施肥方面,在秋季黑果腺肋花楸树落叶后或春季树体萌芽前施入基肥;在树体萌芽前、幼果发育期和果实成熟期追施有机肥;在幼果发育期和果实膨大期进行叶面施肥。在灌溉方面,在早春萌芽期,天气易干旱,树体水分供给不足,结合追肥要灌"催芽水";春末夏初盛花期易因干旱导致"焦花",结合追肥要灌"助花水";初夏果实膨大期因干旱易导致落果,结合追肥要灌"保果水";秋末冬初,结合施基肥灌"封冻水"。

三、田间管理

赵明优介绍了半干旱丘陵地果园林下生草和秸秆覆盖技术。林下生草覆盖技术:每年 6 月初至 8 月末,割树下行间和梯田埂上的杂草就地覆盖树盘;若连续多年进行树盘覆草,树冠下的土壤肥力显著提高,土壤有机质显著增加,土壤含水率会提高,土壤温度也会得到调节。林下秸秆覆盖技术,此法指用农作物秸秆如玉米秸、麦秸、稻草、豆秸等覆盖栽植园空地的方法,一般初次覆盖厚度在 10~15 cm,再次覆盖时 3.0~5.0 cm 即可;要求覆盖前对栽培园进行灌水,盖后压土,注意防火;覆盖时间一年四季均可,可以增加土壤有机质含量,减少水分蒸发与径流,防止水土流失和大风扬沙。

亚里坤·努尔,吐尔逊古丽·托乎提等总结了新疆地区黑果腺肋花楸果园管理技术,认为采取行间黑地膜覆盖的方式,既可以控制杂草生长,又可以防止水分蒸发,成本低、效果显著。杨光,崔玉志等认为,栽植后采取地膜覆盖树盘,可有效控制树盘杂草,保持土壤墒情。6、7、8 月采取行间人工除草,每月 1 次。

赵明优对"富康源 1 号"覆盖树盘进行了研究,结果表明,每年 6—7 月利用杂草、绿肥植物覆盖树盘,覆草厚度 3~5 cm,11 月至翌年的 2 月利用麦秸等覆盖树盘,覆草厚度 5~10 cm,上面压一层土,对园地土壤可起到蓄水、保墒、增肥和调节地温、改善根系生长环境的作用, 在干旱瘠薄的山地花楸园覆草后第 3 年果实平均产量比对照高 32.6%。

四、整形修剪

姜镇荣通过抽样调查和统计分析,黑果腺肋花楸采用丛状树形明显优于疏散分层形和扇形,当主枝数达 19~22 条时单位面积产量最高。

楚景月研究发现,黑果腺肋花楸每年都要进行修剪,每年 3 月份剪除病虫害枝条以及从树根部长出的细小枝条和匍匐在地面上的枝条;对树冠内部相互交叉生长的纤细的枝条和停止生长的枝条剪除;对连续结果 5~6 a 的老化枝进行疏除;对高生长很强势的新枝在上部 1/3 处短截,翌年就会再次长出很多带有花芽的枝条;对树龄达到 7~8 a 以上的盛果期树定期修剪保留 2~3 a 的枝条 20~40 个主干枝。

德馨发现,黑果腺肋花楸的修剪比较简单,为了多生分枝,可在定植后进行平茬,待冬季进行修剪时,每株可选留 5~6 个枝条,对选留的枝条进行短截,促生侧枝;生长季,应注意对新生枝条的摘心;在日常管理中,及时对过密枝、内膛枝、病虫枝进行剪除。

杨光采用春剪和夏剪结合的方式对黑果腺肋花楸进行修剪,绥棱县春剪在 5 月 1 日左右树液流动后进行,剪除受冻害和病虫危害的枝条,连续结果 5~6 a 的老枝,应该及时清除;夏剪在 6—7 月份进行,整条疏除过密细枝、内膛枝、病虫枝,去弱留强,培养健壮主枝,保留健壮主枝 20~40 条。

韩文忠等通过在辽宁建平多年试验,总结了一套整形修剪技术。他提出幼树整形修剪的主要目标是培养健壮主枝并使其尽快产生多级分枝,通过剪除过多新生细枝控制主枝数量,每年培养新生主枝 2~3 条,修剪时间一般在 6—7 月;整形修剪原则是留强除弱、开张角度,保证主枝空间分布均衡,保持灌丛整体透光良好;成树整形修剪:当树体冠径达到 2.0~2.5 m,保留主枝数 25~30 条,保持灌丛内部透光良好,防止分枝点上移、分枝数减少、分枝级数降低;一般在春季剪除(或回缩)灌丛中央部位衰老枝,在夏季 6—7 月剪除多余新生细枝,使主枝保持"单生"状态,避免主枝并生,保持主枝基部间距 15~20 cm;主枝数过多,往往造成单主枝分枝数减少、分枝上移、灌丛空心化,树大、枝密、果少。

五、病虫害防治

多位学者对黑果腺肋花楸抗病虫害特性进行了研究。李梦莎等通过多年观察认为,黑果腺肋花楸抗性强,少有病害,有少量虫害发生,主要是食叶类害虫,如刺蛾等为害植株嫩梢,能自然控制,不需进行人工化学防治也不会造成果园经济上的损失。Hahm 等首次报道在韩国,黑果腺肋花楸叶落叶上的斑点是由苹果褐斑病菌所致。

2007 年姜镇荣等在《黑果腺肋花楸病虫害特点及其防治方法》一文中,汇总了黑果腺肋花楸病害、虫害,并详细阐述了发生、危害及具体的防治办法。董玉得等在安徽沿江丘陵地区开展了黑果腺肋花楸引种试验和栽培管理技术研究,结果表明,引种 10 年未发现病害,有轻微虫害发生,为食叶蛾类,可按常规方法防治,也可不防治。黑果腺肋花楸病虫害轻微,适宜发展绿色或有机栽培。

王鹏对欧美国家黑果腺肋花楸栽培技术进行文献综述,认为花楸植物体及果实内的多酚类物质能够在一定程度上抑制某些真菌或病毒的生长,因此黑果腺肋花楸对病虫害的抗性较强,且容易防治;苹果蚜、棕纹蟥、果实的蠕虫、蝗虫、日本甲虫、柔飞、斑翅果蝇和牧草盲蝽等害虫都可能对黑果腺肋花楸的生长造成影响;在阳光不足的情况下,白粉病和花环菌可能对黑果腺肋花楸生长造成影响;但是,这些病虫害都不能对黑果腺肋花楸造成致命威胁,且通过常规病虫害防治方法,即可解决问题。Scott W. 等研究发现,黑果腺肋花楸之所以果实中病虫害比较少,防治简便,因为果实具有抑菌和病毒的成分。

张红对栽植在沈阳市法库县的黑果腺肋花楸栽植技术进行了总结,在病虫害方面,发现有黄化病,出现黄化症状后,喷施 0.2%的螯合铁或 0.2%的硫酸亚铁防治效果很明显。

关煜涵发现,在对黑果腺肋花楸栽培时,经常发生的病害即为黄化病,其发生的条件为 pH>8 的土壤,在病情刚出现时,可以在叶面喷洒 0.2%的硫酸亚铁溶液;在虫害方面,以黄刺蛾为害为主,需要相关修剪人员将虫茧予以摘除,并将产生的经济损失控制在合理范围内,对于危害严重的个别植株,可以采用化学方式对产生病害的单棵植株予以处理。

黑果腺肋花楸在丹东地区栽培研究发现,丹东地区降雨较多,易发生病虫害;在病害方面,雨季高湿易发生锈病,选用 25%锈特 4 000 倍液加 70%甲基硫菌灵 1 000 倍液或者 70%的戊唑醇可湿性粉剂 2 000 倍液、12.5%烯唑醇可湿性粉剂 2 000 倍液喷雾；在虫害方面，易出现桃小食心虫，施用 10%氯氰菊酯 1 000~2 000 倍液或 20%尔灭菊酯 2 000~4 000 倍液可有效除虫。

梁斌、赫广林等经过 5 年定点观察和病虫害危害情况调查，结果表明，在宁夏泾源县种植的黑果腺肋花楸未发现病害，仅发现部分种植区域有蚜虫、金龟子和甘肃鼢鼠的危害；因地制宜地制定了"以农业防治措施为基础，生物、化学和物理防治措施相结合"的绿色无公害综合防治措施，有效地控制黑果腺肋花楸病虫害危害，达到绿色无公害防治的目的。

虽然黑果腺肋花楸引入我国时间较短，但随着科研人员的不断探索，栽培技术在我国不断的成熟起来。但与欧美发达国家相比，还存在一点差距，我国还需对其栽培技术继续进行探索，总结出适合我国不同地区种植栽培的成熟技术，推动黑果腺肋花楸扩大种植范围，提高种植效益。

第四章　黑果腺肋花楸活性成分及功能
研究概况

黑果腺肋花楸果实和叶片中含有大量的营养物质及可提取的活性物质。其含有的活性物质具有较强的抗氧化、消炎、抗菌、抗疲劳、延缓衰老和美容等作用,能用于多种食品加工及药物开发,具有较高的营养价值和药用价值,得到了医药行业和食品加工行业的广泛青睐。黑果腺肋花楸果实中富含活性物质,可用于加工提取抗癌、预防和治疗糖尿病与心血管疾病、抗疲劳、延缓衰老等药物,也可用于加工酒、焙烤食品、饮料、果酱、罐头、果脯和食品着色剂等保健或功能性食品。

目前,我国对黑果腺肋花楸在其活性成分和功能作用方面进行了研究,还处于起步探索阶段,与国外的研究利用还有较大距离。

第一节　活性成分研究

对黑果腺肋花楸活性成分的研究主要集中在果实,其果实富含花色苷、黄酮醇、酚酸等多酚化合物、三萜类化合物和挥发油,其花色苷含量和多酚总量是已知水果中最高的。试验研究表明,黑果腺肋花楸叶片、幼苗和愈伤组织中亦含有多种多酚化合物。

一、主要营养成分

对黑果腺肋花楸活性成分研究主要是营养成分和功效成分两个方面。其果实的营养成分包括类胡萝卜素、丹宁酸、果胶、有机酸、蛋白质、L-抗坏血酸、果胶质、儿花素、黄酮醇葡萄糖苷、绿原酸、三萜维生素 E、叶酸、磷脂质、卵磷脂、脑磷脂、碳水化合物、碘、钾、钙、钼、锰、铜、硼、铁、锌和镁以及膳食纤维等。营养成分详见表4-1。

表 4-1　黑果腺肋花楸每 100 g 果实中各类营养物质的含量

序号	成分	含量	序号	成分	含量
1	花青素	1 480.0 mg	19	锌	2.85 mg
2	原花青素	664.0 mg	20	锰	4.56~9.64 mg
3	多酚类物质	175.02 mg	21	铜	0.81~2.97 mg
4	黄酮	350.0 mg	22	钼	0.38~0.71 mg
5	VA_2	14.0 μg	23	碘	6.0~10.0 mg
6	VB_1	25~90 μg	24	钙	0.1~0.2 mg
7	VB_2	25~110 μg	25	蛋白质	0.7 g
8	VB_5	50~380 μg	26	糖类	1.7~1.8 g
9	VB_6	30~85 μg	27	果胶质	1.5~1.7 g
10	VC	5~100 μg	28	儿茶素	0.6~0.8 g
11	VE	1.17 mg	29	绿原酸	0.24~0.3 g
12	VK	19.8 μg	30	单宁	0.6~0.85 g
13	β-胡萝卜素	1.1~2.5 mg	31	叶酸	25.0 μg
14	L-抗坏血酸	8.0~55.0 mg	32	脂肪	0.14 g
15	烟酸	100~510 g	33	白藜芦醇	0.15~0.21 mg
16	纤维素	5.62 g	34	脑磷脂	35~185 μg
17	铁	0.62 mg	35	灰分	15.5 g
18	镁	20.0 mg	36	三萜类	2.4 mg

数据来源:赵明优. 黑果腺肋花楸的主要生物学特性与应用价值[J]. 特种经济动植物,2020(5):31-34.

二、主要功效成分

从黑果腺肋花楸幼苗和果实的乙醇提取物中,经过硅胶柱色谱、凝胶柱色谱、聚酰胺柱色谱、制备薄层色谱以及分析和制备型 RP-HPLC 等多种色谱手段共分离得到 31 个化合物,利用理化常数测定、光谱数据分析和化学方法鉴定了其中 28 个化合物的结构,它们分别属于三菇类、黄酮类、酚酸类、甾醇类、糖及糖苷类等成分。果实还含有多种其他活性物质,具有较高的药用食用价值,被称作自然界的"抗癌剂"。

(一)黄酮类

黄酮广泛存在自然界的某些植物的浆果中,总数大约有 4 000 多种,其分子结构不尽相同,如芦丁、橘皮苷、栎素、绿茶多酚、花色糖苷、花色苷酸等都属黄酮。不同分子结构的黄酮可作用于身体不同的器官,如山楂——心血管系统,蓝莓——眼睛,酸果——尿路系统,葡萄——淋巴、肝脏,接骨木果——免疫系统,平时我们可以通过多食葡萄、洋葱、花椰菜,喝红酒、多饮绿茶等方式来获得黄酮,作为身体的一种补充。

黑果腺肋花楸果实中含有黄酮类化合物,鲜果含量高达到 0.25%~0.35%,以花色苷、槲皮素及其衍生物为主。花色苷为矢车菊素 3-O-α-L-阿拉伯糖苷、矢车菊素 3-O-β-D-半乳糖苷、矢车菊素 3-di-O-β-D-葡萄糖苷和天竺葵素 3,5-di-O-β-D-葡萄糖苷。Alfred 等对三种黑果腺肋花楸品种果实中的花色苷进行了定性和定量分析,发现总花色苷含量在 650~850 mg/100 g,且花青素是唯一的糖基。多年后,Ireneusz 等再次证实了这一点,在黑果腺肋花楸幼苗和叶片中也分离到大量黄酮醇类化合物,包括野樱苷等 6 种糖苷和芦丁,这 6 种糖苷都是首次从该属植物中分离得到。槲皮素衍生物包括金丝桃苷、异槲皮素、槲皮素-3-O-(6-O-α-L-鼠李糖基-β-D-葡萄糖苷)、槲皮素-3-O-芸香糖苷、槲皮素-3-O-(6-O-α-L-阿拉伯糖基-β-D-葡萄糖苷)、槲皮素-3-O-(6-O-α-L-鼠李糖基-β--D-葡萄糖苷)。

（二）多酚类

植物多酚（Plant Polyphenol）是一类广泛存在于植物体内的多酚化合物，在维管植物中的含量仅次于纤维素、半纤维素和木质素，广泛存在于植物的皮、根、叶、果中，含量可达 20%。包括食子酸、儿茶素、槲皮酮、原花青素、白藜芦醇、单宁等，属于天然有机化合物。多酚是在植物性食物中发现的、具有潜在促进健康作用的化合物。它存在于一些常见的植物性食物，如可可豆、爆米花、茶、大豆、红酒、蔬菜和水果中。赋予巧克力独特魅力的成分就是多酚，它是存在于可可豆中的天然成分。

（三）花青素

花青素（Anthocyanidin）又称花色素，是自然界一类广泛存在于植物中的水溶性天然色素，属黄酮类化合物。花青素广泛存在于开花植物（被子植物）中，据初步统计，27 个科 73 个属植物中含花青素。花青素作为一种天然食用色素，安全、无毒、资源丰富，而且具有一定营养和药理作用，在食品、化妆、医药等方面有着巨大的应用潜力。迄今为止，从植物中分离得到的花青素约有 21 种。

黑果腺肋花楸果实中花青素含量很高，约占总酚含量的 25%，主要物质为3-氧-阿拉伯糖苷（27.5%）、3-氧-葡萄糖苷（1.3%）、3-氧-木糖苷（2.3%）和 3-氧-半乳糖苷（68.9%），其中花青素的主要以 3-氧-半乳糖苷的存在形式。不同状态的黑果腺肋花楸中各类结构的花青素含量有差别，黑果花楸果渣中也含有大量的花青素。黑果腺肋花楸中提取的花青素还有一定抗诱变作用，花青素的抗诱变作用主要是通过清除自由基的同时抑制原诱变因素的酶活性，具有抗癌作用。

（四）原花青素

原花青素是植物中广泛存在的一大类多酚化合物的总称，存在于许多植物的皮、壳、籽、核、花、叶中，葡萄籽中原花青素含量最高，种类丰富。原花青素可有效改善毛细血管渗透性，消肿化瘀，改善微循环。显著减少眼睛毛细血管出血，保护视力。原花青素可有效清除体内自由基，抗氧化能力远高于维生素 C 和维生素 E,且吸收迅速,使胶原蛋白能更好地发挥作用,滋润皮肤,养颜美容。

黑果腺肋花楸果中也含有大量原花青素,存在于果皮的上表皮,由不同数量的儿茶素和表儿茶素微粒结合形成,是果实涩味和呈色的主要物质,占总酚含量的 66%。原花青素具有很强的抗氧化能力,通过控制自由基的反应,能够有效降心血管、癌症和血液凝结等疾病的风险。实验发现,黑果腺肋花楸果渣中原花青素的含量高达 8 192 mg/100 g。还有研究显示,黑果腺肋花楸的果渣中含原花青素相对最高。

(五)花色苷

花色苷类化合物是自然界中分布最广泛的水溶性植物色素之一,主要存在于植物的花、果实和茎叶中,使之呈现红色、黄色、紫色或蓝色等显著的颜色。花色苷类化合物可作为人工色素的替代品,具有安全、无毒和较强的生物活性,对心脑血管疾病、癌症、糖尿病等慢性疾病具有预防和治疗作用,有较强的保健功能。黑果腺肋花楸果实中含有丰富的花色苷, 其所占比例可达酚类化合物的25% 左右。研究发现,黑果腺肋花楸果实中所含花色苷有 4 种,分别为矢车菊素–3–半乳糖苷(68.68%),矢车菊素–3–阿拉伯糖苷(25.62%),矢车菊素–3 木糖苷(0.42%)和矢车菊素–3–葡萄糖苷(5.28%)。另有研究发现,黑果腺肋花楸是植物界花色苷含量最高的植物。

(六)有机酸类

黑果腺肋花楸果实中的有机酸包括龙胆酸、奎宁酸、莽草酸、苹果酸、香草酸、原儿茶酸、对羟基苯甲酸、阿魏酸、对香豆酸、咖啡酸。种子中含有油酸、亚油酸、棕榈酸和硬脂酸等。Ireneusz 等发现,在黑果腺肋花楸果实中含有大量氯原酸和新氯原酸。陈悦等也从黑果腺肋花楸叶片中分离出氯原酸。Agnieszka 等在黑果腺肋花楸幼苗和愈伤组织中也发现大量咖啡酸存在,另外还有丁香酸和香荚兰酸等。

(七)三萜类和甾醇类

1980 年 Martynove 等从黑果腺肋花楸果实中分离得到熊果酸。黑果腺肋花楸种子油中含有 0.12%的甾醇类化合物,主要是油菜甾醇、β-谷甾醇和 δ-燕麦甾醇。之后于明等从黑果腺肋花楸果实提取物中分离得到 8 个化合物,分别为 3β-O-乙酰熊果酸;19α-羟基熊果酸;2α,3α-二羟基熊果酸;2α,3α,19α-三羟基熊果酸、2α-羟基齐墩果酸这些三萜均首次从黑果腺肋花楸果实中得到。

(八)挥发油

Timo 等采用气象色谱和质谱分析法,从黑果腺肋花楸果实中分离出 48 种挥发性物质,其主要成分包括扁桃腈、氢氰酸、苯甲醛,还有一些苯衍生物,没有发现萜烯醇、乙醛和酮类物质。2010 年,李国民等人利用超声波提取法提取黑果腺肋花楸果实中的挥发油和总黄酮,来研究黑果腺肋花楸挥发性化学成分的组成,结果发现,黑果腺肋花楸中的挥发性成分以烷烃类、酯类、羧酸类、醇类几类化合物为主,共鉴定出 36 种主要的挥发性化学成分,质量分数占挥发油总成分的 84.14%。

(九)其他物质

Razungles 等从黑果腺肋花楸果实中鉴定出 9 种胡萝卜烃类化合物。Weinges 等从黑果腺肋花楸果实花色苷提取物中分离得到五氧乙酰基吡喃葡萄糖、六氧乙酰基山梨醇、四氧乙酰基-β-D 吡喃葡萄糖基甲酸酯、四氧乙酰基花楸苷、五氧乙酰基苦杏仁苷。于明等从黑果腺肋花楸幼苗乙醇提取物中分离得到表儿茶素、野樱苷、熊果苷、1,4-二羟基-2,6-二甲氧基苯-4-O-β-D-吡喃葡萄糖苷、正丁基-α-D-呋喃果糖苷、正丁基-β-D-呋喃果糖苷。此外,还发现黑果腺肋花楸果实和幼苗中富含维生素 C。

三、与其他植物营养成分比较

贾晓韩等对黑果腺肋花楸和欧李果实中粗蛋白、水解氨基酸及矿质元素的含量进行分析,结果表明,黑果腺肋花楸和欧李中的粗蛋白含量分别 5.20%和 4.82%,黑果腺肋花楸中粗蛋白含量高于欧李。两种果实中均存在 16 种水解氨基酸,其中有 6 种人体必需氨基酸,均未检测到色氨酸;水解氨基酸总量分别为

6.95 g/100 g 和 2.61 g/100 g，必需氨基酸总量分别为 2.75 g/100 g 和 1.19 g/100 g，分别占总水解氨基酸的 39.57% 和 45.59%；水解氨基酸和必需氨基酸总量黑果腺肋花楸均高于欧李。其他营养成分，黑果腺肋花楸和欧李中总矿质元素含量分别为 5 353.09 mg/kg、3 536.23 mg/kg。黑果腺肋花楸和欧李中常量元素 Ca、Mg、Fe、Zn、Mn 的含量较高，Ca 元素含量，欧李为 2 686.11 mg/kg，黑果腺肋花楸为 3 935.19 mg/kg，约是欧李 Ca 元素含量的 1.5 倍；Mg 元素含量，黑果腺肋花楸为 1 271.83 mg/kg，欧李为 759.64 mg/kg，约是欧李中 Mg 元素含量的 1.67倍；Fe 元素的含量，黑果腺肋花楸为 116.3 mg/kg，欧李为 44.27 mg/kg，约是欧李Fe 元素含量的 2.63 倍；Zn 元素含量，黑果腺肋花楸为 13.49 mg/kg，欧李为 27.68 mg/kg，约是黑果腺肋花楸 Zn 元素含量的 2.1 倍；Mn 元素含量，黑果腺肋花楸为 11.53 mg/kg，欧李为 13.27 mg/kg，约是黑果腺肋花楸 Mn 元素含量的 1.15 倍。黑果腺肋花楸和欧李中微量元素种类较为丰富，分别占总矿质元素含量的 2.73% 和 2.56%。欧李中 Pb、Cd、Ni、As、Cr 的含量比黑果腺肋花楸高，黑果腺肋花楸中未检测到 Pb 和 Cd 的存在。

王英超等对黑果腺肋花楸与蓝莓、巨峰葡萄、冬枣 3 种果实营养品质进行对比分析，结果表明，黑果腺肋花楸果实的可滴定酸含量最大，为 2.221 6%，极显著大于其他 3 种果实的可滴定酸含量；冬枣果实的可溶性糖含量最高，达到 16.826 8%，黑果腺肋花楸可溶性糖含量最低，只有 7.708 1%，冬枣可溶性糖含量是黑果腺肋花楸的 2.18 倍，差异显著；黑果腺肋花楸低于蓝莓果实的糖酸比，但无显著差异，极显著低于葡萄和冬枣的糖酸比。黑果腺肋花楸果实的可溶性蛋白含量最高，为 2.256 9%，极显著大于其他 3 种果实的可溶性蛋白含量。黑果腺肋花楸果实的维生素 C 含量最高，显著高于其他 3 种果实，但未到达极显著水平。黑果腺肋花楸果实的黄酮含量最高，为 2.249 8 mg/g，极显著大于其他 3 种果实的黄酮含量。黑果腺肋花楸果实的花青素含量最高，为 4.128 1 mg/g，极显著大于其他 3 种果实的花青素含量。综上所述，黑果腺肋花楸的可溶性蛋白含量、维生素 C 含量、黄酮、花青素含量均显著大于其他 3 种果实，糖酸比显著小于其他 3 种果实;黑果腺肋花楸果实具有较高的抗逆性、抗氧化性,营养价值较高,适宜制成加工产品,不适宜鲜食。

齐会娟等对大兴安岭地区 6 种浆果主要品质特性对比分析,结果表明,引种黑果腺肋花楸花青素含量为 615.234 mg/100 g,是野生蓝莓的 4.16 倍;总黄酮含量为 2 271.30 mg/100 g,是野生蓝莓的 4.94 倍,黑果腺肋花楸中花色苷、总黄酮、多糖含量较高,具有很高的营养价值和药用价值。

根据相关资料,国外研究者对黑果腺肋花楸与黑莓、树莓、黑加仑、红加仑几种浆果进行了比较,发现总酚的含量是其他浆果的数倍。另有研究表明,黑果腺肋花楸总酚、花色苷、酚酸等物质的含量均高于蓝莓;黑果腺肋花楸多酚类物质一般由聚合多酚和单体多酚构成,原花青素占总酚的 43.2%~55.6%。黑果腺肋花楸果实中积累的多酚主要是以花青素及其糖苷类化合物合成。黑果腺肋花楸多酚类物质含量较葡萄高 80~180 倍,是香蕉的 1 000~2 000 倍、蓝莓的 5倍,且抗氧化性约是蓝莓的 2.5 倍、蔓越莓的 9 倍以上,对黑果腺肋花楸发挥其生理和药理功效起着至关重要的作用,能够有效地比其他树种清除人体内的自由基能力高很多(见图4-1)。

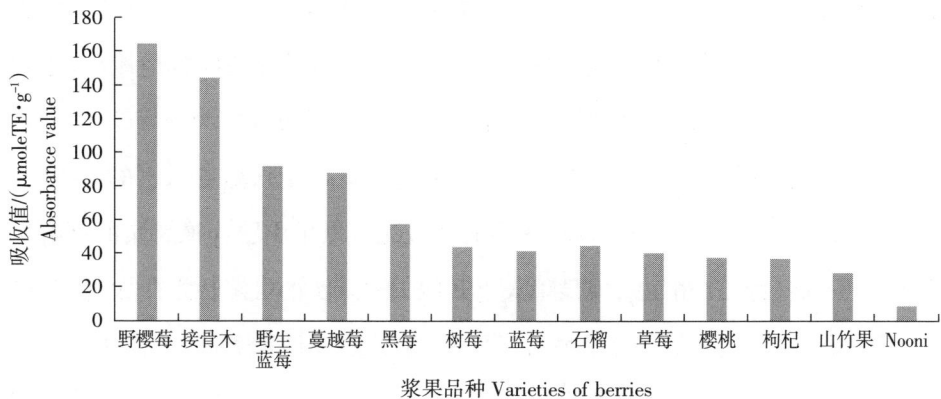

图 4-1　黑果腺肋花楸与其他浆果氧化自由基吸收能力 ORAC

总之,我国于 20 世纪 90 年代开始引种,开展了黑果腺肋花楸活性物质的许多研究,取得了一些进展。结果表明,其果实不但是多种食用色素的来源,还是开发药品和功能食品的原料之一，长期食用可预防和治疗高血压、动脉粥样硬化症、肾病、肾小球肾炎、糖尿病、毛细血管中毒性出血等疾病。

目前，对其他化学成分的研究较少。为此，应对黑果腺肋花楸的其他化学成分进行了深入系统的研究，寻找其药理作用的物质基础，深入地开发和利用这一药用资源提供科学依据。

第二节　果实的功能研究

黑果腺肋花楸果实含花青素、黄酮、多酚、胡萝卜素等多种营养和生物活性物质，有助于清除人体体内重金属，增强免疫系统功能。国内外很多学者对其果实营养成分的功能性进行研究，主要集中在多酚类物质的抗氧化性、抗炎、抗癌以及对人体代谢机理的影响等方面。

一、抗氧化

黑果腺肋花楸果实不仅具有很好的风味和色泽，而且含有高浓度的花色苷、咖啡酸及咖啡酸衍生物等多酚化合物，均具有较强的抗氧化活性，其中矢车菊素 3-O-β-D-半乳糖苷是其主要的抗氧化成分。Metsumoto 等对黑果腺肋花楸果实花色苷提取物（AA）的抗氧化活性做了研究，在体外试验中，AA（25 mg/mL）对 DPPH 自由基的清除作用高于对照溶液；在对乙醇所致大鼠胃黏膜损伤试验中，AA 及其水解产物 （2 g/kg）对出血胃黏膜的保护作用与槲皮素 （100 mg/kg）相当，黑果腺肋花楸叶提取物对自由基具有清除作用。Kulling 等人对黑果腺肋花楸鲜果、果汁及巴氏杀菌汁的物理性质及化学组成进行研究，结果表明，黑果腺肋花楸果实及果汁中含有丰富的营养成分，其中，果实中的多酚类物质含量达到 2 051~2 556 mg/kg FW，占该果实抗氧化成分的99%以上，这表明多酚类物质是黑果腺肋花楸果实实现抗氧化功能的主要物质。

吕天舒通过 DPPH 法测定黑果腺肋花楸胚乳愈伤组织和叶片愈伤组织自由基清除率,试验表明,随着愈伤组织样液浓度增大,其抗氧化能力也相应有所提高;胚乳愈伤组织抗氧化能力优于叶片愈伤组织。

黄海等以黑果腺肋花楸为原料,利用植物乳杆菌发酵制备黑果腺肋花楸酵素,探讨了黑果腺肋花楸酵素发酵过程中总酚含量和体外抗氧化活性的变化及其对 D-半乳糖致衰小鼠的抗氧化作用,研究结果表明,黑果腺肋花楸酵素发酵12 d 后具有良好的体外抗氧化能力,能有效清除 DPPH、超氧阴离子,并且总酚含量显著增加;黑果腺肋花楸发酵组小鼠的免疫器官指数较模型组、未发酵组均显著升高, 血清和肝脏中 T-SOD、GSH-Px、CAT 活力显著提高,MDA 的含量显著下降,且对羟自由基的清除能力显著增强;说明黑果酵素可以起到抗氧化、延缓衰老的效果。

刘佳等发现,黄酮浓度与抗氧化呈正相关关系。李建勋对黑果腺肋花楸四倍体与二倍体的抗氧化物质进行比较发现,黑果腺肋花楸四倍体叶片中花青素、多酚、总黄酮含量均高于二倍体;黑果腺肋花楸多酚对 DPPH、ABTS 及超氧阴离子自由基有较强清除作用,并与其质量浓度呈正相关关系,说明其多酚具有良好的抗氧化活性。

廖霞等以 3 种黑果腺肋花楸为材料,通过 DPPH 自由基清除能力、ABTS 自由基清除能力以及还原力法评价 3 种花楸的抗氧化活性,结果表明,3 种黑果腺肋花楸均具有较强的抗氧化力,尼罗清除 DPPH、ABTS 自由基能力较强,维金、克蓝还原力较强。

徐福成等以来自不同产地的黑果腺肋花楸作为试材,对他们的抗氧化活性进行比较试验,研究其基本成分与抗氧化活性是否受地域影响。结果表明,地域差异对黑龙江黑河和辽宁沈阳海城地区的黑果腺肋花楸的水分含量影响不大,对百粒重、总酸、还原糖以及灰分含量的影响较大,存在显著性差异;地域差异对黑龙江黑河和辽宁沈阳海城地区的黑果腺肋花楸的水提物抗氧化活性影响较大,不同试样浓度水提物内各组存在显著性差异。

李建文等用不同干燥方法处理黑果腺肋花楸,看不同干燥方法对其抗氧化活性有无影响,并筛选出最佳干燥方法,结果表明,不同干燥方法抗氧化能力有显著的影响($P<0.05$),在 ABTS 自由基清除力、抑制肝组织自发性脂质过氧化和酵母细胞氧化应激上,冷冻干燥>喷雾干燥>真空热干燥>热风干燥,还可以看出黑果腺肋花楸在榨汁后,多酚类物质大部分存在于果渣中。一些波兰学者的观点也与其结果一致。

为研究黑果腺肋花楸对小鼠肝肾的抗氧化研究,李美兰等人用蒸馏水和黑果腺肋花楸汁分别喂养小鼠,通过测定肝肾中的超氧化物歧化酶(SOD)活性、丙二醛(MDA)含量及谷胱甘肽(GSH)的相对含量来测定其抗氧化性,试验结果显示,各组间小鼠体重变化、脏器系数无显著差异,表明黑果腺肋花楸对小鼠体重、脏器功能均无影响;与对照组相比,肾脏组织中 MDA 含量降低,GSH 相对含量增大,说明黑果腺肋花楸能够加快消除自由基的含量,从而抑制肾脏内过氧化脂质的二级分解产物 MDA 的含量,使抗氧化酶能力增强,提高了抗氧化能力。

黄佳双等对黑果腺肋花楸多酚含量及体外抗氧化活性进行研究,结果表明,有籽果实和去籽果实的多酚含量差异显著,体外抗氧化活性差异也很大;去籽果实多酚含量均高于有籽果实,其抗氧化活性也高于有籽果实。

徐杰在研究黑果腺肋花楸果汁最佳酶解制备工艺时发现,黑果腺肋花楸果汁具有较强的 DPPH 自由基清除能力,同时对 α-淀粉酶、酪氨酸酶和黄嘌呤氧化酶均表现出较强的抑制能力,复合酶解使果汁中活性成分含量显著提高,从而加强了酶解型果汁的功能效果;这些研究结果表明,黑果腺肋花楸果汁可能具有抗氧化、控制餐后血糖、祛斑美白和防治痛风的功效。

王鹏在国外黑果腺肋花楸多酚类物质功能性研究进展中介绍了黑果腺肋花楸多酚类物质功能性研究,主要以成分分析、抗氧化性与清除自由基能力测定以及对人体保健功能性研究为主。现阶段研究表明,黑果腺肋花楸果实中多酚类物质具有很强的抗氧化性,能够有效地清除人体内的自由基,保护生物酶系统免遭破坏,保持人体正常生理机能。

Pascu 等对 4 种抗氧化性较强的水果进行测定比较,结果表明,山楂抗氧化性>黑果腺肋花楸>玫瑰果>欧洲越橘。Zheng 等将腺肋花楸与蔓越莓、蓝莓以及越橘进行氧化自由基吸收能力的测定,其中腺肋花楸果实中抗氧化能力(ORAC)最强,可达 158.2~160.2 $\mu g/g$,明显高于其他 3 种浆果。随后 Kulling 等将 20 余种富含多酚的鲜果进行抗氧化能力的对比发现,腺肋花楸清除自由基能力最强,明显高于黑加仑、草莓、橘子等水果。

二、抗炎

黑果腺肋花楸果汁中花色素类黄酮成分对 5-羟基胺和组胺所致大鼠足趾肿胀具有明显的抑制作用。Martin 在动物实验中发现,其提取物能抑制未受刺激的脾细胞脂多糖和 IL-6 的分泌,以及诱导 IL-10 的分泌,这些细胞因子与自身炎症性疾病发展密切相关。位璐璐从氧化应激、炎症介质和细胞凋亡三方面探讨了黑果腺肋花楸花色苷提取物对暴露于脂多糖的小鼠巨噬细胞炎症抑制作用的研究,结果表明,将黑果腺肋花楸花色苷提取物应用于细胞模型中,氧化应激损伤得到显著抑制;促炎细胞因子表达水平降低,抗炎细胞因子表达水平增加,由此可以看出,花色苷具有较为显著的抗炎活性。

李雪梅利用小白鼠作为原材料对百花花楸的抗炎作用进行了研究,发现百花花楸果实小、中、大剂量组均可减少小鼠的咳嗽次数,延长由浓氨水所诱导的小鼠咳嗽的潜伏期,延长豚鼠哮喘的潜伏期,降低小鼠足肿胀程度;提示百花花楸有很好的镇咳、平喘、抗炎作用。

三、抗癌

黑果腺肋花楸果汁具有一定的抗肿瘤抗癌作用。Skarpańska-Stejnborn 等通过人体试验发现,饮用黑果腺肋花楸果汁的人在剧烈运动后,与对照组相比,血液中肿瘤坏死因子-α 显著减少,铁含量与抗氧化能力显著增加,说明黑果腺肋花楸果汁能提高血浆抗氧化能力，降低肿瘤坏死因子-α 在血液中水平。Gasiorowski 研究发现，黑果腺肋花楸中提取的花青素还有一定抗诱变作用，花青素的抗诱变作用主要是通过清除自由基的同时抑制原诱变因素的酶活，这些原始数据有可能成为其抗诱变抗癌方面的重要佐证。

李梦莎等以人胃癌细胞 SGC-7901 作为模型研究黑果腺肋花楸花色苷的抗肿瘤活性，通过 MTT 试验检测黑果腺肋花楸花色苷对细胞生长的抑制作用，MTT 结果表明，不同浓度的黑果腺肋花楸花色苷处理 SGC-7901 细胞 24 h、48 h、72 h 后，黑果腺肋花楸花色苷均可抑制肿瘤细胞的生长。在体外研究的基础上，有研究者认为，黑果腺肋花楸汁及其提取物对结肠癌具有抗增殖作用，同时对人乳腺、白血病、结肠、宫颈肿瘤细胞系生长也具有抑制作用，在某些癌症病例中，黑果腺肋花楸已被成功地用作膳食补充剂。

四、降血糖

药理实验研究表明，黑果腺肋花楸叶提取物能够刺激 PC12 细胞和 L929 细胞对葡萄糖的摄入，显著降低链脉霉素(STZ)诱导的糖尿病型大鼠和正常大鼠的血糖水平。在临床应用研究中发现，服用黑果腺肋花楸果汁 3 个月后，Ⅱ型糖尿病患者的空腹血糖明显降低，患者血浆中糖化血红蛋白(HbALc)、总胆固醇和脂质水平也有所降低，提示黑果腺肋花楸果实可用于糖尿病患者的饮食治疗。Badescu 等对植物体内多酚类物质对糖尿病影响的研究表明，从黑果腺肋花楸中提取的天然多酚类物质可调节糖尿病，减少胰腺胰岛炎症，对胰岛素分泌有促进作用。Narayan 等研究已经证实，黑果提取物及其产品可以有效减少胰腺胰岛炎症，促进葡萄糖代谢，对胰岛素分泌有促进作用，从而降低患糖尿病的风险。Braunlich 等研究证明，黑果花青素参与调节碳水化合物代谢，抑制 α- 葡糖苷酶的活性，从而实现对糖尿病预防和治疗作用。

五、保肝作用

黑果腺肋花楸果汁(AMJ)对 CCl_4 所致急性肝损伤大鼠具有保肝作用,研究结果表明,AMJ 呈剂量依赖性地减少大鼠肝脏坏死,增加血浆天冬氨酸转氨酶(AST)和氨基丁酸转氨酶(ALT)的活性,能预防 CCl_4 引起的大鼠肝脏中丙二醛的产生和谷胱甘肽含量的降低。

六、其他作用研究

黑果腺肋花楸除以上功效外,还具有其他作用,如抗菌、抗衰老等。黑果腺肋花楸果汁对氨基比林和亚硝酸钠所致的大鼠内源性亚硝胺的生成具有抑制作用。同时黑果腺肋花楸对降血压效果也显著,Hellstrm 等通过动物试验表明,冻干腺肋花楸果汁在自发性高血压大鼠中使用,舒张压和收缩压均有减少,说明腺肋花楸有降血压的功效。

朱月等人采用牛津杯法测定原花青素的抑菌性,结果表明,黑果腺肋花楸粗提物和纯化物对枯草芽孢杆菌的抑制作用最强,其次是金黄色葡萄球菌,再次是大肠杆菌,几种样品对酿酒酵母均无抑制作用;不同的原花青素样品浓度对供试菌种的抑制作用也不尽相同,随着浓度提高,抑菌效果增强。黑果腺肋花楸原花青素粗提物比原花青素纯化物的抑菌效果更强。小鼠经灌胃黑果腺肋花楸黄酮后,小鼠力竭游泳时间显著延长且浓度越高效果越明显,血乳酸含量与未灌胃黄酮组小鼠相比显著降低,由此可说明,黑果腺肋花楸黄酮对小鼠具有较强的抗运动疲劳功能。郑丽娜等以黑腹果蝇为研究对象,以雄性寿命作为评价指标,研究黑果腺肋花楸水提物的抗衰老活性,结果表明,黑果腺肋花楸水提物能显著延长雄性果蝇的平均寿命和平均最高寿命,且具有一定的剂量效应。黑果腺肋花楸花色苷提取物通过抗氧化活性抑制 H_2O_2 引起的 ARPE-19 细胞氧化损伤,并改变视网膜色素上皮细胞凋亡因子的表达。此外,黑果腺肋花楸活性成分还具有抗辐射、保肝、护胃、保护骨骼、预防慢性病等作用。

目前,黑果腺肋花楸功能性的产品已经在欧美国家生产和销售,并取得可观的经济效益。欧美、东亚等地区对黑果腺肋花楸研究更深入,对其功能作用的研究已经进入分子细胞水平,在原有研究基础上进一步深化,逐渐形成理论研究体系。我国对黑果腺肋花楸的药理研究和产品研发起步较晚,多数研究仅探索了黑果腺肋花楸提取技术,相关机理研究罕有报道。

综上所述,黑果腺肋花楸中富含的活性成分使其具有抗氧化、抗炎、调节免疫力水平、调节血糖、抗癌等多种功能作用。利用其果实、果叶、种子等部位加工,提取对人体有益的成分,开发食品、保健食品、特医食品、药品等产品,市场前景广阔。

第五章　宁夏南部山区引种黑果腺肋花楸
限制性因子研究

　　树木引种驯化对于物种交流、扩大种植区域、选择良种、培育新种及克服自然传播障碍等都具有重要意义，能在林业生产建设，绿化环境，发展林产品方面发挥作用。一定的环境条件对于一些树种是适生条件，对另一些树种则是限制条件，引种树木与环境达到新的统一，引种驯化才有可能成功。我国树木引种自汉张骞出使西域（公元前 114 年）引进胡桃、葡萄、石榴开始，已有 2 000 多年历史。不少人在树木的引种实践过程中不断总结经验，提出了一些树木引种驯化理论，这些理论在一定程度和范围内推动着树木引种驯化事业的发展，但认识也有一定的局限性，所以必须不断实践，不断认识和总结才能使树木引种驯化事业继续发展。因此，对引种黑果腺肋花楸限制性因子研究，是做好黑果腺肋花楸引种工作的基础和前提。

第一节　研究内容与方法

一、研究地区概况

（一）地理位置

　　研究区域选设在宁夏南部山区（又称黄土丘陵区），该区域多年降水量平均值在 350~500 mm，包括固原市的隆德县、泾源县全部，原州区南部、西吉县东部、彭阳县南部，总面积为 1.45×10^4 km²，占全区的 22%。该区地处黄河中上游，是一个以六盘山为主体森林向草原过渡的生态区，地处东经 105°20″~106°58″，北纬 34°14″~36°38″。东与甘肃庆阳市、平凉市为邻，南与平凉市相连，西与白银市分界，北与宁夏吴忠市接壤。

（二）气候特征

地处黄土高原暖温半干旱气候区，是典型的大陆性气候，形成冬季漫长寒冷、春季气温多变、夏季短暂凉爽、秋季降温迅速、昼夜温差大，春季和夏初降水量偏少，灾害性天气多，区域降水差异大等气候特征。年平均日照时数 2 518.2 h，年平均气温 6.1 ℃，年平均降水量 492.2 mm，年蒸发量 1 753.2 mm，大于 10 ℃的活动积温 2 000~2 700 ℃，无霜期 152 d，绝对无霜期 83 d。主要气象灾害有干旱、大风、沙尘、低温冻害、高温、局地冰雹、暴雨雷电等。春季大风、扬沙天气频繁发生，干旱、低温冻害等气象灾害等相继发生，夏季局地冰雹等强对流天气较多，秋季干暖降水偏少，冬季干暖现象十分明显。

（三）地形地貌

该区域位于中国黄土高原的西北边缘，境内以六盘山为南北脊柱，将固原分为东西两壁，呈南高北低之势。海拔大部分在 1 500~292 8 m。由于受河水切割、冲击，形成丘陵起伏，沟壑纵横，梁峁交错，山多川少，塬、梁、峁、壕交错的地理特征。属黄土丘陵沟壑区。主要山脉有六盘山呈南北走向，主峰美高山（米缸山）海拔 2 931 m，为固原最大、最高山脉。月亮山海拔 2 633 m，云雾山海拔 2 148 m。有六盘山高山丘陵区，葫芦河西部黄土梁、峁丘陵地区，葫芦河东部黄土梁状丘陵地区，茹河流域黄土梁、塬丘陵地区，清水河中上游洪积–冲积平原区，清水河中游西侧黄土丘陵、盆、塬区，清水河中游东侧黄土丘陵山地区等类型。

（四）土壤特征

由于地质构造的不同，加之经历了畜牧业—农牧业—旱作农业的不同发展阶段和自然条件的影响，形成土壤类型不一，但主要土壤可划为两类：（1）黑垆土，这种主要土壤类型占总面积的 66.4%，分布于山地以外的广大地区，即气候上的半湿润和半干旱区。(2)山地土,分布占总面积的 33.6%,包括山地草甸土、山地棕壤土和山地灰褐土三个类型。它们自上而下地分布在六盘山、月亮山等高山地区。

(五)自然资源

土地资源:全市土地总面积 10 540 km²,其中耕地 335 221 hm²。

水资源:地表水主要以清水河、泾河、葫芦河、祖厉河几大河流为主,年平均径流量 7.28 亿 m³。地下水总储量约 3.24 亿 m³,其中有 0.8 亿 m³ 因埋藏太深或矿化度高于 5 g/L 而难以开采利用,真正能开发利用的有 2.44 亿 m³。主要水库:寺口子水库、中庄水库、冬至河水库、沈家河水库。

生物资源:六盘山自然保护区经济价值较高的植物蕨菜、沙棘、发菜和国家重点保护的黄芪、桃儿七和北方少见的窝儿七、暴马丁香等植物。珍贵的树种有云杉、油松、华山松、红桦、白桦和水曲柳等。野生药材植物有 530 种,临床使用的有贝母、刺五加、三七、党参和当归数十种。林区还栖息着国家一类保护动物金钱豹,三类保护动物林麝、金雕、红腹锦鸡。六盘山区昆虫极为丰富,其优势类群有尺蛾、夜蛾、天蛾、常蛾、十二羽蛾、长角蛾、天蚕蛾和流萤等。波水蜡蛾在北京农业大学仅有雌雄各一个标本,而在六盘山区却极为常见。褐纹十二羽蛾仅存于六盘山,国内其他地方尚无记录

二、材料与方法

(一)研究材料

"富康源 1 号"黑果腺肋花楸(*Aronia melanocarpa* 'Fukangyuan 1')系蔷薇科(Rosaceae)腺肋花楸属(*Aronia*)植物,是辽宁省干旱研究所和辽宁省富康源黑果花楸科技开发有限公司从国外引进选育的良种。该品种树形中庸,株高 150~200 cm,主枝横向伸展性好,抗逆性强,果粒大,果穗密集粒数多,品质优,产量高,适栽范围广,果实成熟期一致。产量没有大小年之分,连续丰产特性明显。在 pH 5.5~7.5,年降水量>500 mm,无霜期 125~200 d、极限低温>-35 ℃条件下均

可正常生长发育。可作为主要经济林树种,果实品质优良,富含花青素、黄酮、多酚等抗氧化剂物质;加工特性好,2018 年获得国家卫健委新食品原料安全性审查,是食品、药品、保健品等加工原料。

(二)研究方法

1. 气候相似理论

气候相似性是指即一种植物在某种气候条件下能够生存、生长发育,在类似气候条件下也能够生存、生长和发育成稳定的植物群落。即树种引种成功的最大可能性在于树种原产地和新栽培区气候条件有相似的地方。

2. 主导生态因子法

主导因子就是限制植物生长的因子,分地带性因子和非地带性因子。地带性因子主要是气候因子(降水量、温度、光照),我国自东向西影响植物生长的因子主要是降水量,自北向南影响植物生长的因子是温度。非地带性因子主要是地貌地形、海拔、土壤、生物、人类活动等。

3. 适应性遗传原理

植物适应性是指植物在长期进化过程中,接受了各种不同生态条件的考验,对其生长发育环境或条件的适应能力与等级水平。植物与生态条件的相互作用而获得的适应性是可以遗传的,否则就不会有不同植物适应性差异。这种适应性是在植物长期的自然进化过程中逐渐获得的,当环境条件发生变化时植物会逐渐改变其生物学特性来适应新的环境。适应性广的植物不用改变其生物学特性也能适应性的环境。

根据上述林木引种理论,将黑果腺肋花楸产地与引种地之间海拔、纬度、土壤 pH、气象因子(全年平均气温、平均最高气温、平均最低气温、极端最高气温、极端最低气温≥0 ℃活动积温、≥5 ℃活动积温、≥10 ℃活动积温、年日照时数、日照率、降水量、无霜期)作为主导生态因子,搜集固原市各县区和原种植地的气象和土壤资料,对照该树种生态学特性比较分析,找出差异程度,确定制约黑果腺肋花楸引种的主要限制因子,评判其对黑果腺肋花楸引种栽培的影响。

(三)数据统计与分析

使用 Microsoft Office Excel 2010 进行数据整理与绘制图表。

第二节　研究结果及分析

一、温度对黑果腺肋花楸引种的影响

温度是限制植物分布的最主要因子。对植物生长影响较大的是最冷月(1月份)平均气温、极端最低气温、最热月(7月)平均气温、极端最高气温、全年平均气温。从表 5-1 数据,宁夏固原市各县区气温,除极端最低气温显著高于辽宁省海城市、最热月(7月)平均气温显著低于辽宁海城市外,其余气温指标与辽宁省海城市无显著差异。

表 5-1　宁夏固原市各县区气候条件与黑果腺肋花楸种植地气候条件对比

地点	海拔/m	气温/℃					积温/℃			年日照		降水量/mm	无霜期/d
		年平均气温	7月平均气温	极端最高气温	1月年平均气温	极端最低气温	≥0℃	≥5℃	≥10℃	日照时数/h	日照率/%		
原州区	1 450~2 500	9.8	23.8	34.0	-5.9	-19.0	2 931.2	2 733.7	2 262.9	2 527.1	57	471.2	154
西吉县	1 688~2 633	9.5	23.2	32.0	-6.2	-24.0	2 698.5	2 512.4	2 059.0	2 328.7	53	404.7	148
隆德县	1 720~2 954	8.7	21.3	31.4	-5.3	-27.7	2 563.9	2 387.0	1 903.0	2 338.6	50	513.2	151
泾源县	1 608~2 931	6.2	17.7	32.6	-6.4	-27.4	2 656.5	2 453.9	1 928.9	2 313.6	51.2	658.4	167
彭阳县	1 248~2 483	8.5	22.1	35.0	-7.0	-21.0	3 175~3 308	2 904~3 239	2 416~2 816	2 518.1	57	450~550	147~170
辽宁省海城市	60~500	10.4	31.0	38.0	-4.4	-24.0	—	—	2 375	2 465.7	56	721	160

数据来源:各地气象站资料。

二、有效积温对黑果腺肋花楸引种的影响

有效积温也是某些植物生长的限制因子。≥0 ℃积温稳定持续多少表示该地区温暖状况农耕期长短,也称为零界积温;≥5 ℃积温稳定持续多少表示该地区作物生长时间长短, 称为活动积温;≥10 ℃积温稳定持续多少表示该地区作物持续活跃生长时期, 称为有效积温。一般来讲, 在≥10 ℃的有效积温相差200~300 ℃的地区引种,对生长发育影响不大;如果超出此数值,则不适宜引种。从表 5-1 数据分析, 宁夏泾源县和隆德县≥10 ℃积温显著低于辽宁省海城市, 二者相差 440~470 ℃,理论上应作为引种的主要限制因素。

三、光照对黑果腺肋花楸引种的影响

光照对植物生长发育的影响主要是光照时间、光照强度。影响光照时间和光照强度的因素主要是纬度和海拔,纬度越高光照时间越长,强度越大;海拔越高,光照率越高,光照强度越大。不同地区的植物在这种昼夜长短的变化中,形成了一定的反应规范,影响植物的生长、发育和开花结果。宁夏固原市各县区年日照时数和日照率与辽宁省海城市无显著差异,对黑果腺肋花楸引种不会产生显著影响。

四、降水量对黑果腺肋花楸引种的影响

水分是植物生长必需的生态因子,尤其是决定了我国在不同经度上的植物分布。根据多年科学研究,宁夏一般将 400 mm 降水线作为植树造林水分的下限线。从表 5-1 数据可以看出,宁夏固原市各县区降水量低于辽宁海城市,这是影响黑果腺肋花楸引种的另一个制约因素。

五、土壤对黑果腺肋花楸引种的影响

土壤对黑果腺肋花楸引种影响,主要是 pH 与含盐量。大多数植物能适应从微酸性到微碱性土壤,有些树种对土壤 pH 要求严格,有些要求不严格。pH 是土

壤酸碱性强度的重要指标,是土壤盐基状况的综合反映,对土壤的一系列其他性质有深刻的影响。土壤中有机质的合成与分解,氮、磷、钾(N、P、K)等营养元素的转化和释放,微量元素的有效性,土壤保持养分的能力都与土壤 pH 有关。在耐土壤水溶性盐的含量研究方面,相关文献报道少,仅黄晗达对天津市津海区种植的黑果腺肋花楸生态适应性分析,认为在 pH 为 8.02,含盐量为 0.32% 的轻度盐碱地种植的黑果腺肋花楸能够正常生长发育,但未对黑果腺肋花楸耐盐机理进行深入研究。从表 5-2 数据可以得知,固原市各县区 pH 均高于辽宁省海城市,pH 和土壤含盐量应是限制黑果腺肋花楸引种的又一主要因素。

表 5-2　宁夏南部山区各县区土壤基本情况

地点	土壤有机质含量/(g·kg⁻¹)	土壤全氮含量/(g·kg⁻¹)	碱解氮含量/(mg·kg⁻¹)	有效磷含量/(mg·kg⁻¹)	速效钾含量/(mg·kg⁻¹)	pH	含盐量
泾源县	21.32	1.25	104.14	9.25	144.41	7.94	0.34
隆德县	16.73	1.08	66.36	22.71	193.18	8.50	0.38
彭阳县	11.2	0.91	56.2	11.5	159	8.4	—
西吉县	12.68	0.83	48.23	25.15	213.10	8.72	—
原州区	12.25	0.79	46.03	14.95	206.15	8.71	0.38
海原县	10.62	0.65	34.03	14.60	210.44	8.72	0.33
辽宁省海城市	17.2	1.10	92.80	38.64	111.79	6.23~7.26	0.2~0.6

数据来源:1. 宁夏数据(各平均值)来源于马玉兰主编,宁夏测土配方施肥技术,宁夏人民出版社,2008;马全保主编,宁夏泾源县耕地地力评价与测土配方施肥,阳光出版社,2013。其他数据来源于相关文献和网络资料制作。2. 辽宁海城市数据来源于相关文献。

六、其他因素对黑果腺肋花楸引种的影响

植物在长期生长、演化过程中,不仅适应了所在区域的光、热、水、气、土等非生物的环境条件,而且与周围的生物也建立了协调共生的关系。同时,人类的活动如农作物种植种类、农业耕作习惯、农民接受新事物观念等也对植物引种产生较大的影响。树木对生态环境条件具有一定的适应能力,这是生物生存的

本能,是在"种"的系统发育中形成树木的适应能力是可以改变的,改变的程度决定于该树种的遗传性和变异性,栽培技术也起到一定作用。据王鹏等研究黑果腺肋花楸具有很强的适应性,它能够随着地理环境及气候条件的变化而发生改变,并对不利条件表现出抗性。

七、小结

在宁夏固原市引种黑果腺肋花楸主要限制因素有 4 个,≥10 ℃积温显著低于辽宁省海城市,二者相差 440~470 ℃,理论上应作为引种的主要限制因素;固原市各县区 pH 均高于辽宁省海城市,pH 和土壤含盐量应是限制黑果腺肋花楸引种的又一主要因素;各县降水量低于辽宁海城市,这是影响黑果腺肋花楸引种的另一个制约因素;农民接受黑果腺肋花楸种植技术程度是第四个因素。

第六章　　黑果腺肋花楸在宁夏的适应性研究

树木对生态环境条件具有一定的适应能力，这是生物生存的本能，是在"种"的系统发育中形成的。种内一些个体也会产生某些变异以适应新的环境。从同一地区或气候带引种的不同树种,栽培在相同生态环境,其适应能力不同,表现为适应能力的种间差异;同一树种引种在相同环境,其个体的适应能力也不同,表现为适应能力的种内个体差异。在引种树木对新环境能否适应及其适应的程度是引种成败的重要因素。根据引种驯化的实践,可将其分为相似生态适应能力、潜在适应能力和可塑性适应能力。各种树木均具有相似生态适应能力,适应于现代分布区的相似生态环境;潜在适应能力在起源古老的树种中表现较明显,是在"种"的系统发育中,经若干地质历史变迁形成的,潜在于系统发育的遗传特性之中,其适应能力较强,适生范围较广,值得充分重视和利用;可塑性适应能力是树种遗传变异性的表现,在一定的生态条件范围内,能逐步"忍受"新环境中的不利条件,经过"锻炼"能适应新的生态环境,或者通过"调节"生长节律,"避开"新环境中的不利生态因素,达到与新的生态环境的统一,而正常生长发育。树木的适应能力对树木引种驯化具有重要意义。

第一节　研究内容与方法

一、试验地概况

试验地位于宁夏固原市泾源县内。泾源县地处六盘山东麓腹地,地势西北高,东南低。属低山丘陵区,海拔高度 1 608~2 942 m。该地区属于温带半湿润森林草原气候,具有"春寒、夏凉、秋短、冬长"的特点,海拔高度 1 608~2 242 m,年均气温 6.9 ℃,日照时数 2 371 h,无霜期 141 d,年均降水量为 641.50 mm。

二、材料与方法

(一)试验材料

(1)"富康源 1 号"黑果腺肋花楸(*Aronia melanocarpa* 'Fukangyuan 1')系蔷薇科(Rosaceae)腺肋花楸属(*Aronia*)植物,是辽宁省干旱研究所从国外引进选育的良种。该品种具有结果早(1 年生苗木栽植后第二年挂果)、株状矮(成龄树一般在 1.5~2.5 m)、产量高(在辽宁省海城市种植 5 年的树,单果重 1~2 g,最高亩产量可以达到 2.0 t),是目前在全国推广栽培面积最大的品种。

(2)"黑宝石"黑果腺肋花楸(*Aronia melanocarpa* 'Heibaoshi')系蔷薇科(Rosaceae)腺肋花楸属(*Aronia*)植物,是黑龙江省黑河市中俄林业科技园从俄罗斯引进选育的品种。其在引种地物候期和果实性状发生显著变化,物候期明显提早,花期由原产地的 6 月上旬提早为 5 月下旬,单果明显增大,百粒重由原产地的 108 g 增加到 118 g,增加了 9.25%。该树种树叶秋季由绿色转为红紫混合色,浆果球形,成熟时为紫黑色,落雪后果实更加黑亮,酷似黑宝石。

(二)研究方法

1. 物候期观测

2020 年和 2021 年连续 2 年,从 3 月底开始,9 月中下旬结束,在宁夏泾源县兴盛乡上金村、新民乡新民村,设立观测点随机选择 10 株以上生长健壮的植株进行芽期、叶期、花期、果期观测,每 2 天观测一次并详细记录 2 个品种调查结果,对收集的数据进行整理分析。物候期观测指标如下。

芽膨大期:紧叠的芽鳞片逐渐松动,其间露出浅色痕迹,芽顶尖端变成多个小尖。

芽开放期:芽鳞片裂开,绿色嫩芽从芽上部出现。

始展叶期:植株新梢发出的卷曲小叶出现 1~2 片叶片平展时的阶段。

展叶盛期:大量叶序从新梢上抽出,半数以上的小叶完全展开,但叶片仍在生长。

新梢生长始期:从萌芽至第一片真叶开始出现。

新梢生长末期:枝条生长渐趋缓慢,枝条节间缩短,大部分新梢形成顶芽,停止生长。

现蕾期:花芽开始发育,并膨大成花蕾,逐渐吐露颜色。

始花期:单株植物 5%左右的花蕾开始开放,花瓣展开成花。

盛花期:植株进入开花期,而且有 70%以上的花蕾均已开放。

花谢期:整株植物 90%左右的花已全部凋落,只剩部分残花。

坐果期:雌花授粉受精,子房逐渐变大形成果实。

果熟期:果柄变粗,果实成长到人小拇指指甲盖大小,果皮由光滑变粗糙,颜色由绿变为黑色,果肉颜色变深为玫瑰色。

2. 适应性观测

2018—2021 年选择兴盛乡上金村种植示范点作为观测试验点,随机划定 3 个观测小区,设置气候观测站自动记录气象资料,根据黑果腺肋花楸的成活、越冬、越夏、株高、冠幅、地径等生长状况调查结果,对黑果腺肋花楸耐寒、耐旱、耐水湿、抗病虫害特性进行评价。

3. 果实产量测定

2018—2020 年选择兴盛乡上金村示范点,随机抽取 3 块样地,每块 667 ㎡,分别采集全部果树果实,分别称重,计算单位面积(亩)产量。

2021 年选择宁夏泾源县兴盛乡上金村、兴盛乡新旗村、原州区宁夏宁苗生态建设集团股份有限公司基地 3 个调查点,随机选择 10 株生长健壮的黑果腺肋花楸植株对种植 3~5 年的果园果实产量进行调查统计。通过现场采集果实分别称重,计算供试单株的平均产量,推算亩产量。

三、数据统计分析

所有试验重复三次，结果以平均值表示，使用 Microsoft Office Excel 2010 进行数据整理与绘制图表。

第二节　研究结果及分析

一、物候期观测

表 6-1　宁夏黑果腺肋花楸物候期的观测表

生育期		"富康源 1 号"	"黑宝石"
萌动期	芽膨大期	3 月 25 日—4 月 1 日	4 月 10 日—4 月 15 日
	芽开放期	4 月 2 日—4 月 8 日	4 月 16 日—4 月 21 日
展叶期	始期	4 月 9 日—4 月 11 日	4 月 22 日—4 月 25 日
	盛期	4 月 20 日—4 月 25 日	5 月 8 日—5 月 12 日
新梢生长期	始期	5 月 1 日—5 月 7 日	5 月 15 日—5 月 19 日
	末期	8 月 10 日—8 月 13 日	8 月 10 日—8 月 15 日
开花期	现蕾	4 月 13 日—4 月 28 日	4 月 24 日—5 月 4 日
	始花	4 月 29 日—5 月 4 日	5 月 5 日—5 月 11 日
	盛花	5 月 5 日—5 月 18 日	5 月 12 日—5 月 21 日
	末期	5 月 19 日—5 月 25 日	5 月 22 日—5 月 29 日
果熟期	成熟	8 月 15 日—8 月 19 日	8 月 18 日—8 月 22 日
	脱落	9 月 13 日—9 月 20 日	9 月 20 日—9 月 25 日
落叶期	初期	9 月 30 日—10 月 5 日	10 月 5 日—10 月 10 日
	末期	10 月 25 日—10 月 30 日	10 月 27 日—10 月 30 日

由表 6-1 可知："富康源 1 号"在 3 月底进入芽膨大期,4 月初,芽鳞片分离,绿色嫩芽逐渐从顶端冒出,花芽开放。随之花芽膨大成花蕾,在 4 月 13 日进入现蕾期,经过两周左右的发育,花序伸长,花瓣渐渐舒展,于 4 月 29 日前后植

株绽放约5%的花朵，进入始花期，此时部分新梢抽出的绿紫色卷曲小叶变平展，黑果腺肋花楸开始展叶。5月上旬伴随着气温的升高，更多的花蕾加速膨胀，两周时间进入盛花期，并伴随着大量的抽枝放叶。5月末进入花谢期，90%的花枯萎凋落，授粉受精后的孕花子房体积增大，形成小果实进入坐果期，两个月后，8月中旬果实成熟，部分果实自行脱落，于9月底全部采收完成，生育期210 d左右。

"黑宝石"则在4月10日开始陆续进入芽膨大期，在4月中旬，芽鳞片裂开，绿色嫩芽从芽上部出现进入芽开放期。随着花芽的发育，在4月24日进入现蕾期，经过10 d左右的生长，植株枝条上开始绽放花朵，"黑宝石"逐渐进入始花期。在5月12日，开始进入盛花期，同时新梢也开始生长，5月末进入花谢期，8月中旬果实成熟，9月底全部采收完成，生育期197 d左右。

通过对黑果腺肋花楸在宁夏生长的物候期观察，查阅相关文献资料和相关报道，发现2个品种生长时期均早于其在引种地区的生长，且其整个生长周期所需的时间比引种地长，"富康源1号"比引种地区芽萌动和展叶早10 d，花期早15~20 d，果实成熟期晚15~20 d，落叶期基本一致，整个生育期长10~15 d；"黑宝石"比引种地区芽萌动早12~15 d，展叶早4~6 d，花期早6~12 d，果实成熟期早10~15 d，落叶期晚12~15 d，整个生育期长24~30 d。可能是由于研究地气候有所不同，植物的生长物候特性与栽培状况及栽培地气候条件紧密相关。其次，"黑宝石"物候期晚于"富康源1号"5~15 d，但开花盛期和末期、果实成熟基本一致，生长期短10 d左右。

二、适应性观测

（一）抗病虫鼠兔害性观测

通过5年定点连续观测，引种栽培的黑果腺肋花楸未发现病害。虫害仅仅发现有蚜虫和金龟子，抗病虫害能力强，与其他学者研究结果一致。究其原因，可能与黑果腺肋花楸植物体及果实内的多酚类物质能够在一定程度上抑制某些真菌或病毒的生长有关。未见野兔冬春季啃噬黑果花楸枝干。鼠害较为严重，主要是啃噬黑果花楸地下根系，影响树木吸收营养，造成树木生长衰弱，严重时造成树木死亡，缺株断行。

（二）抗寒性观测

低温对树木的伤害程度不仅取决于温度低，而且也取决于低温的持续时间。国内学者采取不同的方法对黑果花楸耐寒性进行研究，毛才良和T.霍洛波维茨利用差热分析法研究结果表明，黑果腺肋花楸枝条超冷的最低温度大约为-37℃。马兴华等采用电导率的测定方法研究结果表明，黑果花楸比苹果抗寒能力强，不需要防寒措施可安全越冬，抗寒性表现突出。陈君用低温处理后水培观测腋芽恢复法研究结果表明，不同种源的黑果花楸抗寒能力不同，但在冬春季受到-30℃低温危害后80.6%以上的枝条能够恢复生长，受到-40℃低温危害后63.5%以上的枝条能够恢复生长。以上学者研究结果说明，黑果花楸具有很强的耐寒生理特性。

从表6-1、表6-2的观测记录结果看，观测的最低气温和最低日平均气温均高于黑果腺肋花楸适宜栽培所需的温度。1987—2017年，近30年宁夏泾源县最低气温平均为-20.0℃，极端最低气温-27.4℃，出现在1991年；2018年宁夏泾源县最低气温（-24.3℃）和最低日平均气温（-16.7℃），2021年宁夏泾源县最低气温（-21.3℃）和最低日平均气温（-16.3℃）都没有对黑果花楸产生低温危害，

表6-2　黑果腺肋花楸种植示范区域气温观测结果（宁夏泾源县上金村）

单位:℃

年度	1月份气温		2月份气温		3月份气温	
	最低日平均气温	最低气温	最低日平均气温	最低气温	最低日平均气温	最低气温
2018	-16.7	-24.3	-11.9	-22.7	-0.4	-9.3
2019	-9.1	-16.1	-9.1	-13.4	-1.9	-8.1
2020	-9.4	-13.3	-11.3	-18.1	-1.5	-5.6
2021	-16.3	-21.4	-6.2	-10.9	-3.6	-8.4

仅有少量植株因土壤水分不足导致枝条生理干旱,从而春季产生枯梢现象,不是低温造成的冻害,这种现象树龄越大影响越小,不影响黑果花楸生长发育和结果。

连续 5 年观察,春季低温和霜冻对黑果花楸花芽和新梢生长未产生危害。2018 年 4 月 7 日和 4 月 8 日连续 2 日最低气温在 -2~-3 ℃,正值黑果腺肋花楸芽萌动盛期,通过实地调查发现,霜冻未影响枝条生长和开花。因此,黑果花楸适应宁夏泾源县高海拔地区冬春寒冷气候。

(三)抗旱性和耐水淹观测

连续 3 年在宁夏泾源县布点观察,表 6-3 结果表明,在没有人工灌溉,2019 年春季长达 45 d 以上,累计降水量 ≤30 mm 的情况下,黑果花楸能够正常萌芽、抽枝和开花,说明黑果花楸具有较强的抗旱能力;这与胡艳等研究结果一致。胡艳等研究表明,黑果腺肋花楸通过调节自身渗透调节物质含量和抗氧化酶活性等一系列生理指标适应土壤干旱胁迫,表现出较强的抗旱力,干旱胁迫处理 30 d,黑果腺肋花楸叶片相对含水量仍然保持 70.29%。

表 6-3 宁夏泾源县兴盛乡上金村黑果花楸种植示范区降水情况观测结果

年度	≤10 mm 降水情况		累计降水量			连续降水情况		单日最大降水量/mm
	天数/d	累计降水量/mm	合计	休眠期	生长期	天数/d	累计降水量/mm	
2018	37	12.5	695.7	29.6	666.1	16	268.2	76.6
2019	45	29.9	796.0	97.2	698.8	16	150.4	46.0
2020	39	18.1	863.5	37.4	826.1	34	283.5	51.0
2021	31	36.4	421.5	39.0	382.5	27	127.3	52.4

注:数据来源于宁夏泾源县气象局提供的观测资料整理而来。

韩文忠等研究认为,虽然黑果腺肋花楸叶片具有一定的抗脱水能力和保水力,但在同等栽培立地条件下,黑果腺肋花楸不如当地乔木树种抗旱能力强,其浅根性根系决定了其对表层 40~50 cm 土壤水分的依赖性,从而极大地限制了树体地上部分抗旱能力的发挥;在干旱半干旱地区,年降水量 500~600 mm 地区需要采取抗旱造林措施才能正常生长,在年降水量 ≥600 mm 的地区适宜种植。

据有关学者研究报道,连续降水或一次性降水量过大,会导致土壤长期水分饱和处于积水状况,土壤氧气含量剧减,植物根系因缺氧停止生长或导致死亡。据宁夏泾源县气象局30年气象资料统计,每年6—9月份是宁夏泾源县多雨季节。表6-3气象观测数据表明,2018年最大单日降雨量达到76.6 mm,连续16 d降雨,降雨量达到268.2 mm,占整个生长季降雨量40.3%;2020年连续34 d降雨,降雨量达到283.5 mm,占整个生长季降雨量34.3%,未发现连续降雨造成黑果腺肋花楸树木生长不良。这与董玉得等人在安徽省降水量1 200 mm以上沿江丘陵地区引种种植黑果腺肋花楸能正常生长发育的结论一致,说明黑果腺肋花楸耐水涝能力强。

（四）果实产量和产值调查

从表6-4、表6-5调查数据和查阅相关报道资料整理的表6-6数据,分析发现,宁夏泾源县种植黑果腺肋花楸"富康源1号"单株产量比引种地(辽宁海城)低50%,比辽宁沈阳地区高60%,与山西襄垣县基本持平。影响黑果腺肋花楸单株产量因素除自然条件外,栽培管理技术起关键作用。据辽宁省干旱研究所研究,采用生长关键期3次灌水技术比对照果实产量提高242%;应用配方施

表6-4 2021年黑果腺肋花楸栽培主要区域产量和产值调查

观测地点	树龄/a	株行距/m	亩栽株数	单株平均产量/kg	亩产量/kg	单价/(元·kg⁻¹)	产值/(元·亩⁻¹)	备注
泾源县兴盛乡新旗村	5	1.0 × 1.2	550	0.8	440	6	2 640	个人种植,2017年移栽当年嫩枝扦插苗
泾源县兴盛乡上金村	5	0.8 × 1.2	695	0.39	271	6	1 626	2020年冰雹危害造成枝条损伤严重,2021年生长期旱情严重,影响产量
原州区宁苗基地	4	1.0 × 2.5	267	0.71	200	6	1 200	每年人工补水4次套种园林绿化苗木
平均值			504	0.63	321	6	1 821	

肥技术,提高果实产量24.3%;进行土壤酸碱度改良树高提高24.3%,冠幅提高32.4%,基部主要分枝数提高100%,进而提高株产量。

表6-5　黑果腺肋花楸产量和产值调查(兴盛乡上金村)

年度	产量/ (kg·亩⁻¹)	单价/ (元·kg⁻¹)	产值/ (元·亩⁻¹)	备注
2018	27	20	540	2年生苗,当年栽植
2019	69	15	1 035	
2020	84	15	1 260	冰雹危害造成果实损失严重
2021	271	6	1 626	价格是加工厂收购价
平均值	112.8	8.5	977.5	

自然灾害对产量影响很大,冰雹是宁夏泾源县黑果花楸栽培的主要气象灾害,栽培管理措施是影响产量的主要因素。从表6-4调查数据看,受冰雹危害的上金村单株产量比未受危害的新旗村低50%,每年人工灌溉4次水的原州区宁苗基地种植4年生的树产量与新旗村未进行灌水的5年生的树单株平均产

表6-6　不同地区5年生黑果腺肋花楸"富康源1号"单果平均值对比

地区	自然条件	关键栽培技术	单株产量/kg
辽宁海城	年平均气温9.3 ℃,≥10 ℃活动积温3 600 ℃,年日照时数2 498 h,土壤pH 7.5, 降水量710 mm,无霜期165 d	定植株行距1.0 m×1.25 m,定植当年覆盖地膜,叶面施肥,第2年、3年施农家肥,一年早春、夏季干旱期、封冻前,施硫黄粉进行土壤改良	1.6
辽宁沈阳	年平均气温7.5 ℃,≥10 ℃活动积温3 500 ℃,年日照时数2 600 h,土壤pH 6.3, 降水量750 mm,无霜期150 d	定植株行距1.5 m×1.5 m,定植当年灌定根水,覆盖地膜,每年施农家肥	0.5
山西襄垣	年平均气温9.5 ℃,≥10 ℃活动积温3 450 ℃,年日照时数2 300 h,降水量550 mm,无霜期166 d	定植株行距1.0 m×1.5 m, 定植当年定干30~40 cm,灌定根水,灌水除草施肥,施硫黄粉进行土壤改良	0.79
宁夏泾源	年平均气温6.9 ℃,≥10 ℃活动积温2 310 ℃,年日照时数2 371 h,土壤pH 7.94,降水量651 mm,无霜期141 d	定植株行距1.0 m×1.2 m,定植当年营养钵苗,灌定根水,灌水除草施肥、未进行土壤改良	0.8

量持平。

从表 6-5 数据看,产量逐年成倍增长,预测上金村示范点 2022 年单株产量在 1.5~1.8 kg,亩产 1 000~1 300 kg,按 2021 年不变价格计算,产值在 6 000~8 000 元。

四、结论

（一）物候期观测

2 个品种生长发育期 170~180 d,比引种地长 20~30 d,比引种地萌芽早 10~15 d,"黑宝石" 落叶比引种地晚 10~15 d,"富康源 1 号"落叶与引种地基本一致。二者果熟期基本一致,"黑宝石"展叶期和花期比"富康源 1 号"晚 5~10 d。

（二）抗逆性观测

未发现病害,鼠害危害严重,仅发现在部分栽植区域有蚜虫、金龟子危害。在自然年降水量>600 mm,无人工灌溉情况下,可耐春季干旱 45 d。

（三）产量调查

影响黑果腺肋花楸单株产量除自然条件影响外,栽培管理措施至关重要。采用 3 年生苗木建园,1 年见花见果,3 年形成产量,6 年以后进入盛果期,单株平均产量达到 3.0~4.0 kg。

第七章　黑果腺肋花楸逆境胁迫生理响应研究

逆境通常定义为对植物施加有害影响的环境因子,胁迫就是指植物处于不适合它生长的生态条件下。对植物产生重要影响的逆境主要有水分亏缺、低温、高温、盐碱、环境污染等理化逆境和病虫、杂草等生物逆境。植物逆境胁迫生理是研究植物在逆境条件下的生理生化变化及其机制。了解黑果腺肋花楸逆境胁迫生理响应,对黑果腺肋花楸种植栽培和保护生态环境具有极其重要的意义。

第一节　研究内容与方法

一、试验地概况

试验地位于宁夏银川市植物园内,坐标 107°22′E,38°28′N,海拔 1 115 m。该地区处于贺兰山东麓洪积扇下缘沙地,属中温带半干旱大陆性气候。气候特点:日照充足、热量充沛、温差较大、风大沙多、干旱少雨、蒸发强烈。年平均气温 8.5 ℃。1 月份平均最低气温–15.2 ℃,极端最低气温–27.9 ℃,7 月份平均最高气温 30.1 ℃,极端最高气温 37.2 ℃。年降水量 135.3 mm。地下水位 2~3 m。

二、试验内容与方法

（一）试验材料

试验材料为 1 年生黑果腺肋花楸品种"黑宝石"和"富康源 1 号"苗木,于 2020 年 4 月移栽定植于塑料盆中(上口径 28 cm,下口径 28 cm,高 35 cm),盆中装有沙土 20 kg,沙土最大持水量为 27.16%、pH 8.48、全氮 0.55 mg/kg、全磷为 0.49 mg/kg、有机质为 11.35 mg/kg、全钾为 16.85 mg/kg。将盆栽苗移入塑料大棚进行缓苗管理。在缓苗期间进行相同的水肥管理,依据"见干浇透"的原则对其进行浇水。

(二)试验设计

1. 干旱胁迫试验

试验于 2020 年 7 月 22 日,选取生长良好、长势相对一致的"富康源 1 号""黑宝石"盆栽苗进行干旱胁迫处理。采用盆栽控制试验法,以土壤相对含水量为田间持水量 75%~80%Φf 为对照(CK),设置轻度干旱(T_1)、中度干旱(T_2)和重度干旱(T_3)4 个处理,其依次为 60%~65%Φf、45%~50%Φf、30%~35%Φf。每个处理 10 盆,3 次重复。试验期间,于每天 15:00 采用称重法对试验对象进行称量并且补水至相应的土壤相对含水量。

2. 水涝胁迫试验

于 2020 年 7 月 22 日,采用盆栽制法进行水涝胁迫试验,水涝胁迫设置 3 个处理,分别为:轻度水涝(W_1),水面至花盆 5 cm 处;中度水涝(W_2),水面至花盆 10 cm 处;重度水涝(W_3),水面至花盆 15 cm 处。将预培养的试材置于遮雨棚内 75 cm × 35 cm × 20 cm 的塑料水槽中,每个水槽可放置 5 盆试材,按水涝设计分别涝水至花盆的 5 cm、10 cm、15 cm 处。试验期间各水涝处理每 3 天换一次水,避免水质恶化。以每天正常浇水作为对照。每个处理 10 盆,重复 3 次。

3. 耐盐胁迫试验

(1)单盐胁迫试验。于 2020 年 6 月 18 日将苗木放入花盆内的自封袋中进行水培,缓苗一个月,每 7 天更换一次水。试验于 2020 年 7 月 14 日开始,挑选生长良好、长势相对一致的 2 种黑果腺肋花楸,分别用 NaCl 浓度为 0.5%、1.0%、1.5% 和 2.0% 对其进行胁迫处理,以 NaCl 浓度为 0% 作为对照,每个处理重复 5 次,试验期间每天补充水分,每 5 天更换一次处理液。

(2)复盐胁迫试验。选取长势一致的"富康源 1 号"幼苗进行复盐胁迫试验。

采用中性盐 NaCl、Na$_2$SO$_4$ 和碱性盐 NaHCO$_3$、Na$_2$CO$_3$ 模拟土壤盐碱胁迫环境，均用蒸馏水按摩尔比 9∶1 混合溶解。盐胁迫与碱胁迫均设置（CK、50 mmol/L、100 mmol/L、150 mmol/L、200 mmol/L）这 5 个梯度。不同中性盐 pH 变化范围为 6.25~6.41，碱性盐 pH 变化范围为 8.94~9.11。各梯度处理液浇灌量为 200 mL，每个处理 3 株幼苗，3 次重复，胁迫处理共持续 20 d。

（三）测定项目及方法

试验分别在盐分胁迫 15 d 与干旱、水涝胁迫 30 d 和 60 d 采集叶片。采样方法：每个品种随机选取 3 株黑果腺肋花楸植株，每株选取 3 条新梢，每条新梢摘取叶片 1 片，每株 3 次重复，采集后冲洗干净，用液氮冷冻，置于保鲜盒内，带回实验室，于–80 ℃低温冰箱保存用于测定相关生理指标。

1. 生长指标的测定

采用钢卷尺和游标卡尺测定新梢长和新梢粗。最后，收获整株植株的地上和地下器官并放置于自封袋中，放入 105 ℃烘箱下杀青 10 min，再将温度调至 80 ℃烘干至恒重，测定地上和地下部分干物质量，计算根冠比。

2. 丙二醛（MDA）活性测定

丙二醛（MDA）活性采用硫代巴比妥酸法测定。① 称鲜样 0.3 g 于冰浴研体中，加石英砂和 0.05 mol/L 磷酸缓冲液，研磨成浆。将匀浆转移到试管中，用磷酸缓冲液冲洗研体，合并提取液。在提取液中加 0.5%硫代巴比妥酸 5 mL，摇匀。将试管放入沸水浴中煮沸 10 min。（自试管内溶液中出现小气泡开始计时）。结束后，立即放冷水浴中。② 待试管冷却后，在 3 000 r/min 下离心 10 min，取上清液 5 mL。以 0.5%硫代巴比妥酸为空白，测定 450 nm、532 nm、600 nm 处的吸光度。③ 结果计算：

$$H_{MDA}=[6.45×(A532-A600)-0.56×A450]×V_t / V_s×W$$

式中，H_{MDA} 为 MDA 的含量，mmol/g（为鲜重含量）；V_s 为测定用提取液体积，mL；V_t 为提取液的总体积，mL；W 为样品鲜重，g。

3. 可溶性蛋白含量测定

可溶性蛋白含量采用 G-250 考马斯亮蓝法测定。① 标准曲线绘制：按表 7-1 做标曲试验。充分反应后在 595 nm 波长下测定吸光度，绘制标曲。② 称叶片 0.3 g 在冰浴研钵中研磨成浆，用清洗液定容到 10 mL 离心管中，5 000 r/min 下离心 10 min，得到提取液。吸提取液 1 mL，加考马斯亮蓝试剂 5 mL，放置 2 min 后在 595 nm 下测吸光值。③ 结果计算：

$$H_D = (C \times V_t)/(FW \times V_s \times 1\,000)$$

式中，H_D 为样品蛋白质含量，mg/g（为鲜重含量）；C 为标准曲线值，μg；V_t 为提取液总体积，mL；V_s 为测定时加样量，mL；FW 为样品鲜重，g。

表 7-1　可溶性蛋白标准曲线

试剂	管号					
	0	1	2	3	4	5
标准蛋白质/mL	0.00	0.20	0.40	0.60	0.80	1.00
蒸馏水量/mL	1.00	0.80	0.60	0.40	0.20	0.00
考马斯亮蓝/mL	5.00	5.00	5.00	5.00	5.00	5.00
蛋白质量/μg	0.00	20.00	40.00	60.00	80.00	100.00

4. 超氧化物歧化酶(SOD)活性测定

超氧化物歧化酶(SOD)活性采用氮蓝四唑(NBT)光化还原法测定。① 将 0.3 g 材料和 2 mL 的提取介质混合加入研钵中，研磨成浆，将匀浆和冲洗液转移到 10 mL 的离心管中并定容。取 5 mL 提取液于 4 ℃下 10 000 r/min 离心 15 min，得到粗提液。按表 7-2 加试剂：4 号试管加核黄素后迅速遮光，全部试剂加完后摇匀，将试管置于 4 000 lx 荧光灯下显色 20 min。反应结束后用黑布盖住试管终止反应。以 4 号试管为空白，在 560 nm 下测定吸光度并记录数据。② 结果计算：

$$G_{SOD} = (A_0 - AS) \times V_t \times 60/A_0 \times 0.5 \times W \times V_s \times t$$

式中，G_{SOD} 为 SOD 活性，U/(g·h)；A_0 为光下对照管的吸光度；AS 为样品测定的管吸光度；V_t 为样品提取液的总体积，mL；V_s 为测定时吸取的酶液量，mL；t 为显色反应时间，min；W 为样品鲜重，g。

表 7-2　SOD 试剂配置

单位：mL

试剂	测定管		暗中对照
	1	2	4
50 mmol/L 磷酸缓冲液(pH 7.8)	1.50	1.50	1.50
130 mmol/L MET 溶液	0.30	0.30	0.30
750 μmol/L 氮蓝四唑(NBT)溶液	0.30	0.30	0.30
100 μmol/L EDTA-Na₂ 溶液	0.30	0.30	0.30
20 μmol/L 核黄素溶液	0.30	0.30	0.30
粗酶液	0.10	0.10	0.00
蒸馏水	0.50	0.50	0.60

5. 过氧化物酶(POD)活性测定

过氧化物酶(POD)活性采用愈创木酚法测定。① 标准曲线绘制：取 6 支 20 mL 具塞试管，编号，按照表 7-3 添加试剂，在 470 nm 下测定各管的吸光度，以标准液的浓度作为横坐标，吸光度作为纵坐标，绘制标曲。② 称 0.3 g 鲜样于研体中，冰浴研磨匀浆，蒸馏水定容至 10 mL 离心管中，于 3 000 r/min 离心 10 min，上清液为待测液。测定管与对照管各加入：酶液 1.0 mL，0.1% 的愈创木酚 1 mL，6.9 mL 的蒸馏水，1.0 mL 的 0.18% H_2O_2(空白管以蒸馏水代替)，摇匀在室温下静置 10 min，加 0.2 mL 的 5% 偏磷酸以终止反应。用标曲 1 号管调零，于 470 nm 下测定吸光值。③ 结果计算：

$$G_{POD}=(X-X_0)\times V_t/W\times V_s\times t$$

式中，G_{POD} 为 POD 活性，μg/(g·min)；X 为测定管的四邻甲氧基苯酚含量，μg；X_0 为对照管的四邻甲氧基苯酚含量，μg；Vt 为酶液的总体积，mL；W 为样品鲜重,g;V_s 为测定时吸取的酶液量,mL;t 为反应时间,min。

表 7-3　邻甲氧基苯酚标准曲线

单位:mL

试剂	管号					
	1	2	3	4	5	6
标准母液	0.00	1.25	2.50	5.00	7.50	10.00
蒸馏水量	10.00	8.75	7.50	5.00	2.50	0.00

6. 过氧化氢酶(CAT)活性测定

过氧化氢酶(CAT)采用紫外吸收法测定。① 将 0.3 g 的鲜样与适量 50 mmol/L 磷酸缓冲液混合到研钵中,在冰浴上研磨匀浆后转移到 10 mL 离心管内并定容,在 4 ℃、10 000 r/min 下离心 15 min,上清液为提取液,保存在 4 ℃ 下备用。② CAT 活性测定。将酶提取液在沸水中加热使其失活,测定管与对照管按表 7-4 加入试剂:将测定管与空白管在室温下静置 3 min,逐管加 200 mmol/L 的 H_2O_2 溶液 0.2 mL,每加一管立即测定其 A240,读数间隔设定为 0.5 min,重复 3 次共测 1.5 min,记录各管的测定值。③ 结果计算:

$$G_{CAT}=\Delta A240\times V_t/0.1\times V_s\times t\times W$$

式中,G_{CAT} 为 CAT 活性,U/(g·min);$\Delta A240$ 为 A_1-A_2;A_1 为煮死酶液对照管的吸光度;A_2 为样品测定管的吸光度;V_t 为酶提取液的总体积,mL;V_s 为测定时吸取的酶液体积,mL;t 为测定时间,min;W 为样品鲜重,g。

表 7-4　CAT 试剂配置

单位:mL

试剂	管号			
	1	2	3	4(对照)
Tris~HCl	1.00	1.00	1.00	1.00
酶提取液	0.10	0.10	0.10	0.10(煮死酶液)
蒸馏水	1.70	1.70	1.70	1.70

7. 脯氨酸(Pro)含量测定

游离脯氨酸采用酸性茚三酮法测定。① 取 7 支 25 mL 的具塞试管,按表 7–5 向各试管加试剂。沸水浴 30 min 后立即冷却,结束后,各试管加甲苯 5 mL,充分反应。于 520 nm 波长下测定甲苯层的吸光值,绘制标曲。② 称材料 0.3 g 加入试管中,再加 3%磺基水杨酸 5 mL。沸水浴 15 min,过滤,即为粗提取液。试管加 0.5 mL 提取液、1.5 mL 的蒸馏水、2.0 mL 冰乙酸和 2.0 mL 茚三酮,摇匀后沸水浴 30 min,冷却,再加 5 mL 的甲苯进行萃取。③ 结果计算:

$$H_{Pro}=C \times V_t /W \times V_s$$

式中,H_{Pro} 为 Pro 含量,$\mu g/g$;C 为标准曲线值,μg;V_t 为提取液总体积,mL;V_s 为测定时提取液体积,mL;W 为样品鲜重,g。

表 7–5 脯氨酸标准曲线

单位:mL

试剂	管号					
	1	2	3	4	5	6
标准脯氨酸	0.00	0.40	0.80	1.20	1.60	2.00
蒸馏水	2.00	1.60	1.20	0.80	0.40	0.00
冰乙酸	2.00	2.00	2.00	2.00	2.00	2.00
茚三酮	2.00	2.00	2.00	2.00	2.00	2.00

三、数据统计与处理

利用 EXCEL 2010 进行数据处理与绘图,利用 SPSS 20.0 进行数据统计与分析。采用单因素方差分析和 LSD 检验"黑宝石"和"富康源 1 号"各处理间的差异显著性($P<0.05$)。

第二节 研究结果及分析

分析黑果腺肋花楸不同品种在干旱、水涝、盐碱等逆境下,生长和抗氧化物酶含量的变化,为在宁夏高海拔半干旱半湿润地区引种、品种选育和推广种植黑果腺肋花楸提供科学依据。

一、干旱胁迫对黑果腺肋花楸不同品种生长的影响

随干旱程度的加深,两个品种新梢长呈下降趋势(图 7-1)。胁迫 30 d 时,"黑宝石"处理组新梢长较对照下降不明显,"富康源 1 号"的新梢长在 T_3 处理时较对照显著下降 14.17%($P<0.05$,下同);胁迫 60 d 时,"富康源 1 号"T_1、T_2、T_3处理的新梢长较对照降低 16.90%、21.83%、26.06%;"黑宝石"较对照分别降低 8.21%、13.43%和 22.39%。

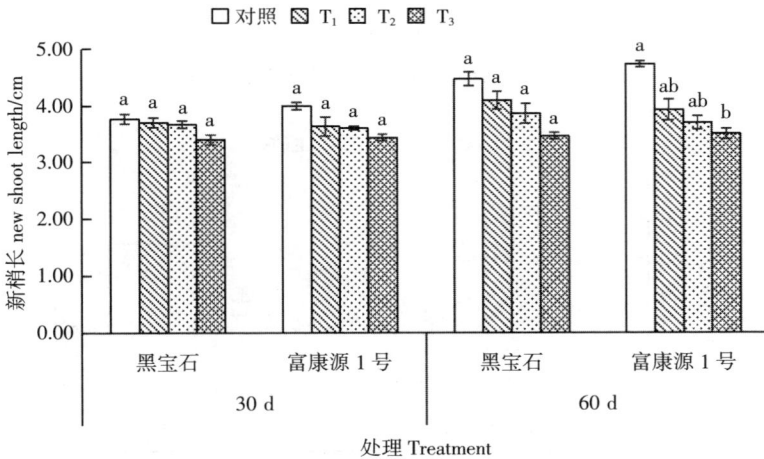

图 7-1 黑果腺肋花楸不同时期新梢长的变化

随干旱程度的加深,两个品种新梢粗呈下降趋势(图 7-2)。胁迫 30 d 时,"黑宝石"T_1、T_2、T_3 处理的新梢粗较对照下降不明显,"富康源 1 号"T_1、T_2、T_3 处理的新梢粗较对照下降 5.40%、4.99%和 6.75%;胁迫 60 d 时,"黑宝石"和"富康源 1 号"T_1、T_2、T_3 处理的新梢粗均显著低于对照,其中"黑宝石"较对照降低 3.87%、5.61%和 6.68%,"富康源 1 号"较对照显著降低 7.69%、8.97%和 11.03%。

随干旱程度的加深,"富康源 1 号"和"黑宝石"的根冠比呈先上升后下降趋势(图 7-3),但处理组均显著高于对照,在轻度干旱处理下达到最大值。其中

"黑宝石"处理组较对照分别显著增加90.60%、48.58%和20.75%;"富康源1号"处理组较对照显著增加83.87%、52.92%和32.32%。

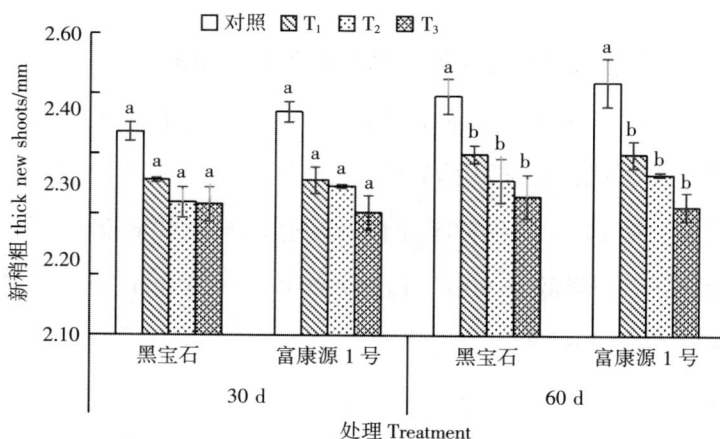

图7-2 黑果腺肋花楸不同时期新梢粗的变化

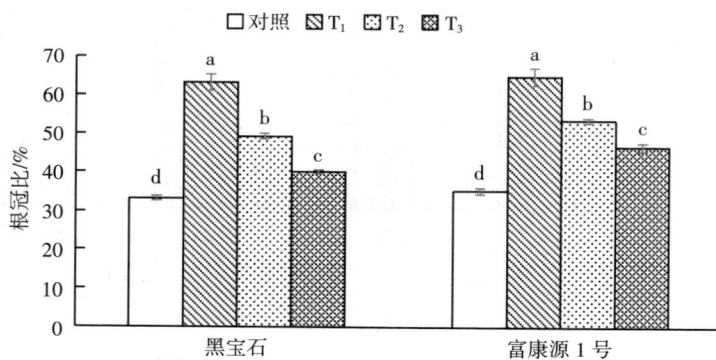

图7-3 黑果腺肋花楸根冠比的变化

二、干旱胁迫对黑果腺肋花楸不同品种生理的影响

随干旱程度的加深,"黑宝石"可溶性蛋白含量呈先上升后下降趋势,"富康源1号"可溶性蛋白含量在胁迫30 d时呈上升趋势,胁迫60 d时呈先上升后下降趋势(图7-4)。其中,胁迫30 d时"黑宝石"可溶性蛋白含量在T₁处理下较对照显著增加24.50%,在T₂和T₃处理下较对照降低23.12%和37.75%,"富康源1号"可溶性蛋白含量均高于对照,较对照提高77.25%、141.57%和308.63%;胁

迫 60 d 时，"黑宝石"可溶性蛋白含量在 T_1 处理下较对照显著增加 41.58%，T_2 和 T_3 处理下较对照显著降低 48.71%、73.66%；"富康源 1 号"可溶性蛋白含量对照显著增加 96.58%、126.16%、74.75%。

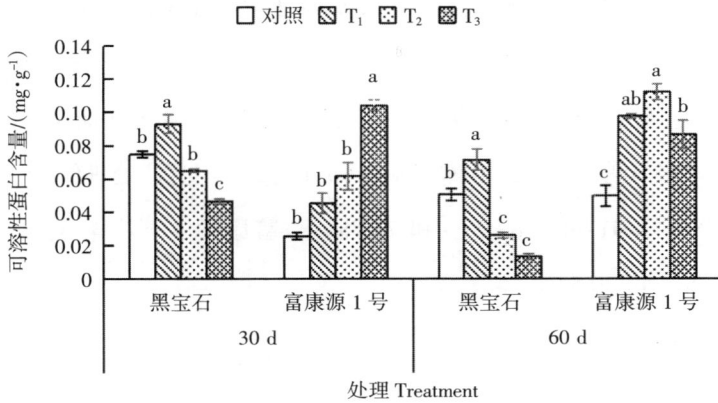

图 7-4　黑果腺肋花楸不同时期可溶性蛋白含量的变化

随干旱程度的加深，"黑宝石"Pro 含量呈上升趋势，"富康源 1 号"Pro 含量呈先上升后下降趋势（图 7-5）。胁迫 30 d 时，"黑宝石"处理组 Pro 含量较对照显著提高 33.52%、43.25% 和 83.64%，"富康源 1 号"Pro 含量较对照增加 20.57%、74.34% 和 49.56%；胁迫 60 d 时，"黑宝石"Pro 含量较 30 d 时变化幅度不大，处理组分别较对照显著增加 91.39%、155.05% 和 199.37%，"富康源 1 号"Pro 含量

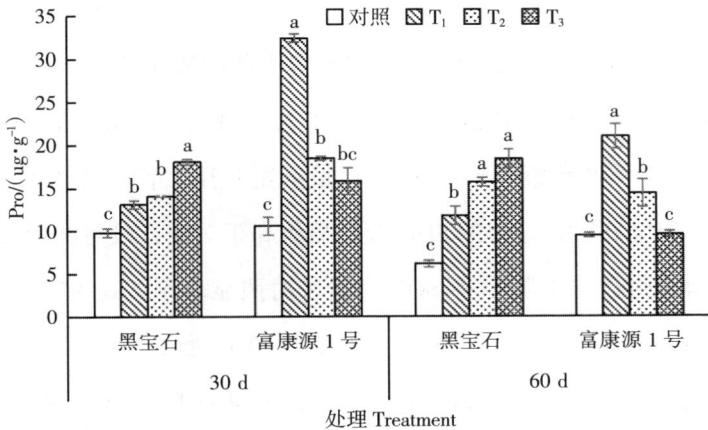

图 7-5　黑果腺肋花楸不同时期脯氨酸含量的变化

低于胁迫 30 d 时的含量，但均高于对照，且比对照提高 121.50%、51.65%和 1.20%。

随干旱时间的增加，MDA 含量呈下降趋势（图 7-6），在胁迫 30 d 时达到最大值；随干旱程度的加深，"黑宝石"与"富康源 1 号"MDA 含量在胁迫 30 d 时处理组呈上升趋势。其中，胁迫 30 d 时，"黑宝石"和"富康源 1 号"的 MDA 含量均在 T3 处理时达到最大值，"黑宝石"在 T3 处理下比对照显著增加 72.66%，"富康源 1 号"较对照显著增加 127.04%；胁迫 60 d 时，"黑宝石"处理组的 MDA 含量较对照显著下降 91.08%、83.77%和 71.78%；"富康源 1 号" 较对照显著下降 81.21%、76.08%和 70.58%。

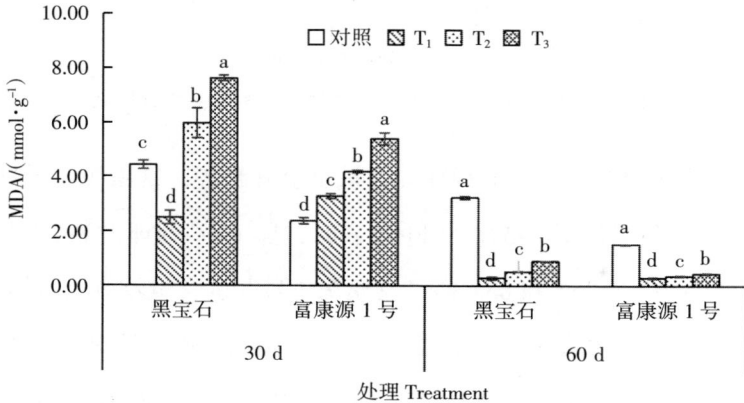

图 7-6　黑果腺肋花楸不同时期丙二醛含量的变化

随干旱时间的增加，"黑宝石"SOD 含量呈下降趋势，胁迫 30 d 时在 T2 处理下达到最大值，胁迫 60 d 时"富康源 1 号"在 T1 处理下达到最大值；随干旱程度的加深，"黑宝石"和"富康源 1 号"SOD 含量呈先上升后下降趋势（图 7-7）。胁迫 30 d 时，"黑宝石" 处理组的 SOD 含量显著高于对照，较对照增加 30.39%、33.43%和 24.59%；"富康源 1 号"SOD 含量较对照显著提高 63.97%、101.10%和 30.51%。胁迫 60 d 时，"黑宝石"SOD 含量在 T1 和 T2 处理下虽高于对照，但增长幅度不大，在 T3 处理时较对照降低 29.84%；"富康源 1 号"SOD 含量在 T3 时呈下降趋势，较对照显著增加 67.72%、38.88%和 14.71%。随干旱时间的增加，"黑宝石"POD 含量呈下降趋势,胁迫 30 d 时在 T₂ 处理下达到最大值;胁迫 60 d 时"富康源 1 号"在 T₁ 处理下达到最大值。

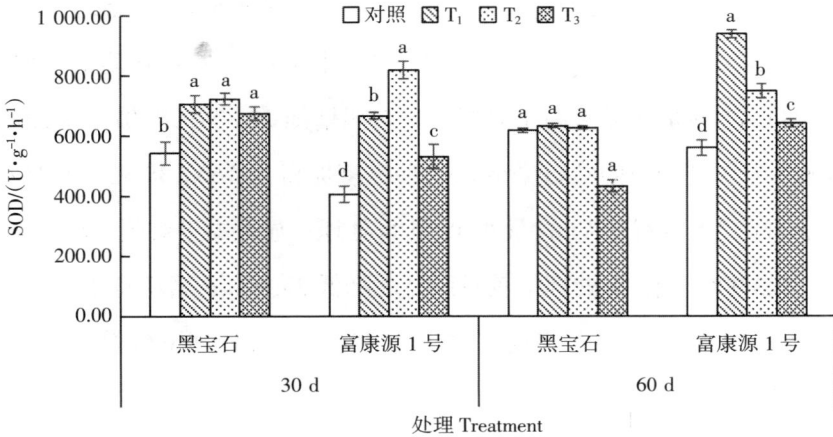

图 7-7 黑果腺肋花楸不同时期超氧化物歧化酶含量的变化

随胁迫程度的加深,"黑宝石"和"富康源 1 号"的 POD 含量呈先上升后下降趋势(图 7-8)。胁迫 30 d 时,"黑宝石"处理组的 POD 含量显著高于对照,较对照增加 149.77%、177.45%和 132.53%,"富康源 1 号"处理组 POD 含量较对照显著增加 69.95%、99.37%和 56.56%;胁迫 60 d 时,"黑宝石"POD 含量在 T₁ 和 T₂ 处理下显著高于对照,且比对照显著提高 85.38%、149.60%,在 T₃ 处理下较对照降低 58.16%;"富康源 1 号"在 T₁ 处理下较对照显著提高 116.03%,在 T₂ 和

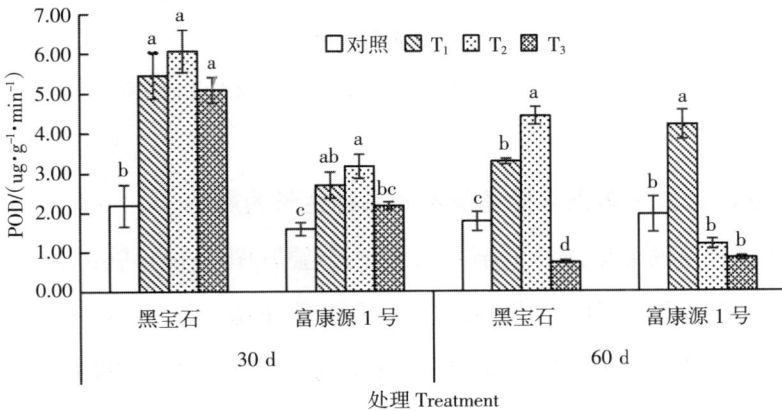

图 7-8 黑果腺肋花楸不同时期过氧化物酶含量的变化

T_3 处理下则低于对照,较对照降低 38.45%、56.56%。

　　随干旱时间的延长,"黑宝石"CAT 含量在 T_2 处理 60 d 时达到最大值,"富康源 1 号"在 T_1 处理 30 d 时达到最大值;随着干旱程度的加深,"黑宝石"和"富康源 1 号"的 CAT 含量呈先上升后下降趋势(图 7-9)。胁迫 30 d 时,"黑宝石"处理组的 CAT 含量均显著高于对照,较对照增加 22.80%、77.07%和 25.68%,"富康源 1 号"处理组的 CAT 含量较对照显著提高 41.75%、38.56%和 31.67%;胁迫 60 d 时,"黑宝石"CAT 含量在 T_1 和 T_2 处理下显著高于对照,较对照增加 89.56%、123.90%,在 T_3 处理下较对照显著降低 34.34%;"富康源 1 号"CAT 含量在 T_1 处理下较对照显著提高 21.45%,在 T_2 和 T_3 处理下较对照显著降低 53.35%、87.80%。

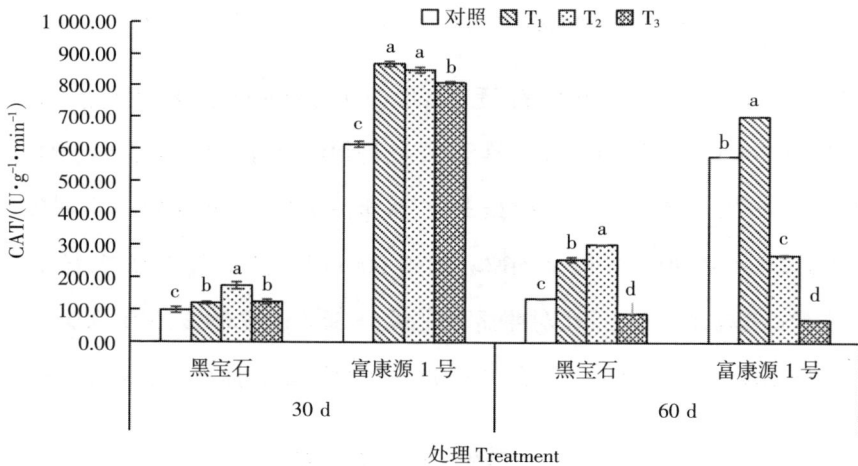

图 7-9　黑果腺肋花楸不同时期过氧化氢酶含量的变化

三、水涝胁迫对黑果腺肋花楸不同品种生长的影响

　　随水淹程度的加深,两者的新梢长呈下降趋势(图 7-10)。胁迫 30 d 时,"黑宝石"的新梢长较对照下降不明显,"富康源 1 号"的新梢长在 W_2 和 W_3 处理时较对照显著降低 16.33%、21.43%;胁迫 60 d 时,"富康源 1 号"的 T_1、T_2、T_3 处理的新梢长较对照显著降低 16.67%、25.83%、31.67%,"黑宝石"较对照分别下降

13.79%、18.97%和 30.17%。

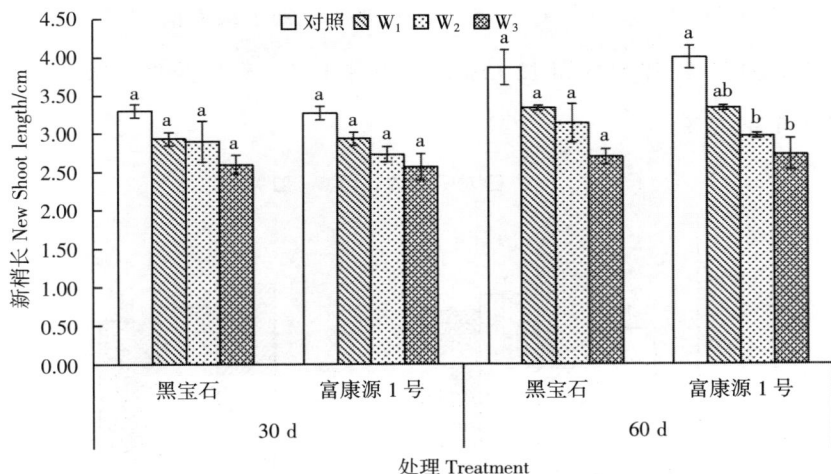

图 7-10 黑果腺肋花楸不同时期新梢长的变化

随胁迫程度的加深,两者的新梢粗呈下降趋势(图 7-11)。胁迫 30 d 时,"黑宝石"的新梢粗较对照显著下降 4.37%、5.36%和 7.62%,"富康源 1 号"的新梢粗在 W_3 处理下较对照显著下降 4.90%;胁迫 60 d 时"黑宝石"和"富康源 1 号"处理组的新梢粗均显著低于对照,其中"黑宝石"处理组较对照降低 3.17%、5.66%和 8.84%;"富康源 1 号"较对照降低 3.35%、4.89%和 7.27%。

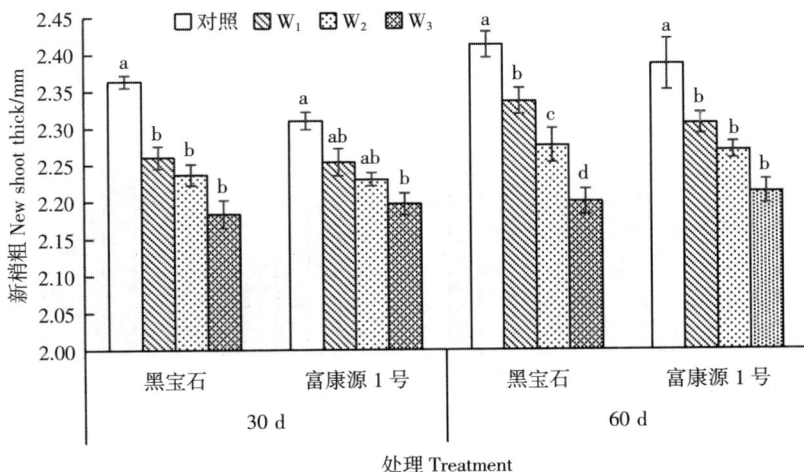

图 7-11 黑果腺肋花楸不同时期新梢粗的变化

随水涝程度的加深,"富康源 1 号"和"黑宝石"的根冠比呈先上升后下降趋势(图 7-12),处理组均高于对照,在 W_1 处理下达到了最大值,其中"黑宝石"较对照提高 64.80%、22.58% 和 12.15%;"富康源 1 号"较对照显著增加 68.55%、48.42% 和 36.73%。

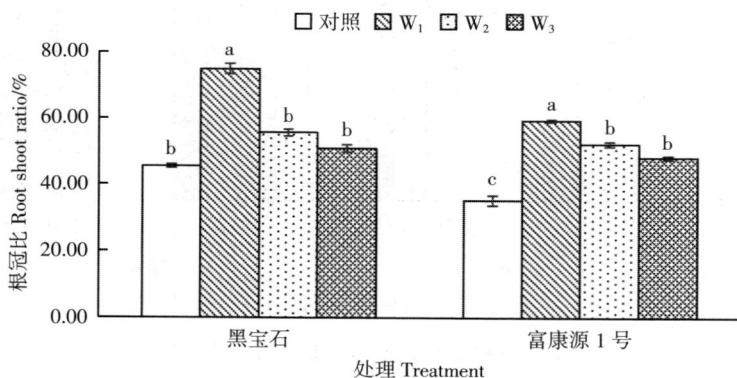

图 7-12　黑果腺肋花楸根冠比的变化

四、水涝胁迫对黑果腺肋花楸不同品种生理的影响

随水涝时间的延长,"黑宝石"可溶性蛋白含量呈下降趋势,"富康源 1 号"呈先上升后下降趋势;随胁迫程度的加深,"黑宝石"和"富康源 1 号"可溶性蛋白含量呈先上升后下降趋势(图 7-13)。胁迫 30 d 时,"黑宝石"处理组的可溶性

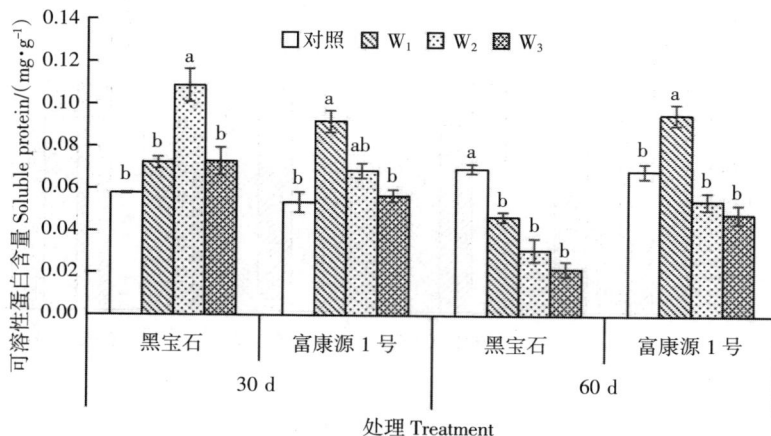

图 7-13　黑果腺肋花楸不同时期可溶性蛋白含量的变化

蛋白含量较对照增加 24.96%、88.21%、26.17%，"富康源 1 号"处理组的可溶性蛋白含量较对照提高 71.14%、27.37% 和 5.59%；胁迫 60 d 时，"黑宝石"处理组的可溶性蛋白含量显著低于对照，较对照降低 32.28%、55.19%、67.87%；"富康源 1 号"在 W_1 处理时较对照显著增加 39.04%，在 W_2 和 W_3 处理时较对照降低 20.32%、29.09%。

随水涝时间的延长，"黑宝石"与"富康源 1 号"的 Pro 含量呈下降趋势；随胁迫程度的加深，"黑宝石"与"富康源 1 号"的 Pro 含量呈先上升后下降趋势（图 7-14）。胁迫 30 d 时，"黑宝石"Pro 含量在 W_1 处理下较对照显著提高 94.88%，在 W_2 和 W_3 处理下较对照增加 41.57% 和 30.53%；"富康源 1 号"Pro 含量在 W_1 和 W_2 处理下较对照显著增加 104.72%、188.39%，在 W_3 处理下较对照增加 26.87%；胁迫 60 d 时，"黑宝石"Pro 含量较 30 d 时变化幅度不大，W_1 和 W_2 处理较对照增加 83.03%、28.20%，W_3 处理较对照显著降低 24.00%；"富康源 1 号"Pro 含量低于 30 d 时的含量，W_1 和 W_2 处理较对照显著提高 47.86%、37.81%，W_3 处理较对照显著降低 29.82%。

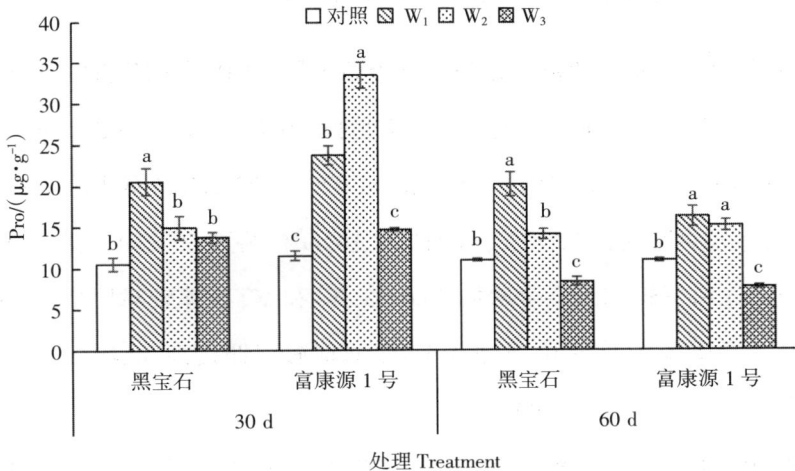

图 7-14　黑果腺肋花楸不同时期脯氨酸含量的变化

随水涝时间的延长，"黑宝石"与"富康源 1 号"的 MDA 含量呈下降趋势；随胁迫程度的加深，二者 MDA 含量呈先上升后下降趋势（图 7-15）。胁迫 30 d 时，

"黑宝石"和"富康源1号"的MDA含量在W_1处理时均达到了最大值,"黑宝石"在W_1处理下较对照显著增加29.30%,"富康源1号"较对照显著增加88.69%;胁迫60 d时,"黑宝石"与"富康源1号"对照的MDA显著高于处理组,"黑宝石"处理组MDA含量较对照显著降低95.88%、96.35%和97.33%;"富康源1号"处理组较对照显著降低96.30%、92.26%和95.23%。

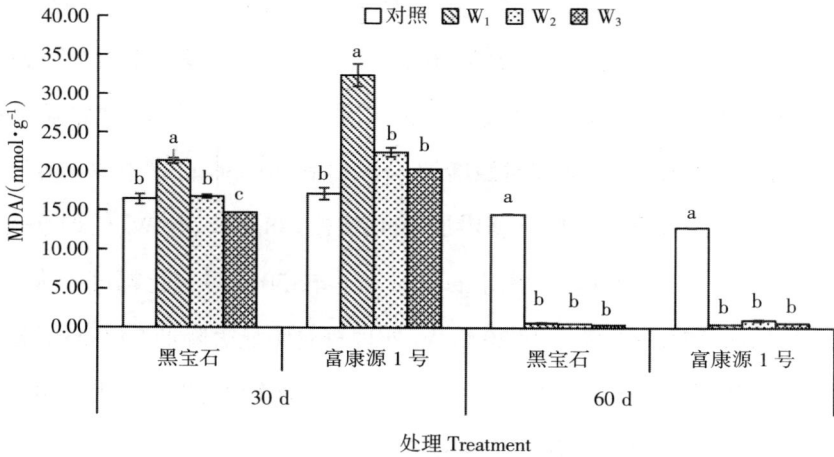

图7-15　黑果腺肋花楸不同时期丙二醛含量的变化

随水涝时间的延长,"黑宝石"和"富康源1号"SOD呈下降趋势;随胁迫程度的加深,二者SOD含量呈先上升后下降趋势(图7-16)。胁迫30 d时,"黑宝石"处理组SOD含量较对照增加45.43%、52.97%和29.21%,"富康源1号"处理组SOD含量较对照提高17.70%、54.31%和16.99%;胁迫60 d时,"黑宝石"SOD含量在W_1处理下较对照显著增加45.62%,W_2和W_3处理较对照增加21.14%和2.03%,"富康源1号"SOD含量在W_1处理时较对照提高32.48%,在W_2和W_3处理下,较对照降低28.93%、55.60%。

随水涝时间的延长,"黑宝石"和"富康源1号"的POD含量呈下降趋势;随胁迫程度的加深,二者POD含量呈先上升后下降趋势(图7-17)。胁迫30 d时,"黑宝石"处理组的POD含量较对照显著增加276.80%、485.42%和107.78%,"富康源1号"的POD含量在W_1处理下较对照显著增加137.53%,在W_3处理下较对照显著降低 86.90%;胁迫 60 d 时,"黑宝石"处理组的 POD 含量较对照显著下降 55.32%、84.83%、91.51%,"富康源 1 号"在 W_1 处理下较对照显著提高 37.49%,在 W_3 处理下较对照显著下降 84.71%。

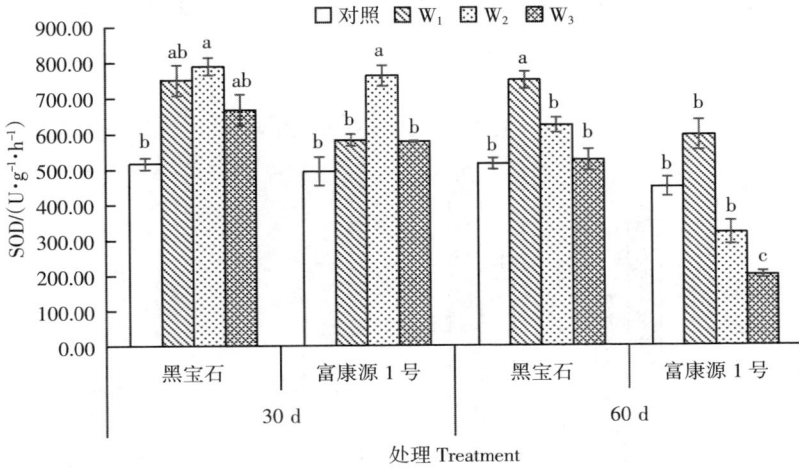

图 7-16　黑果腺肋花楸不同时期超氧化物歧化酶含量的变化

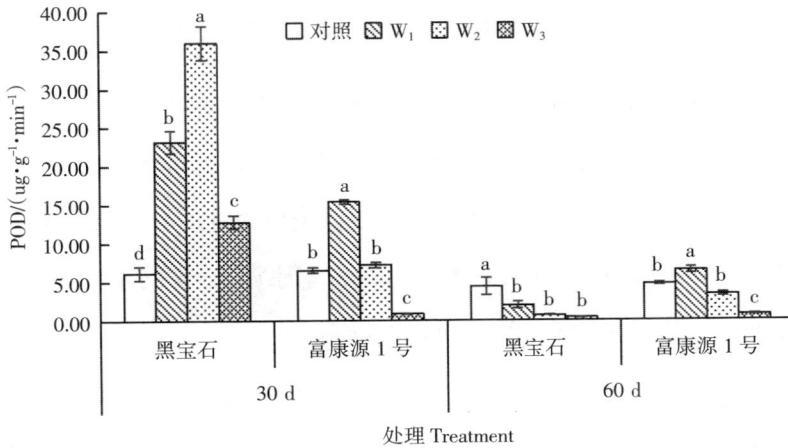

图 7-17　黑果腺肋花楸不同时期过氧化物酶含量的变化

随水涝时间的延长,"黑宝石"和"富康源 1 号"处理组的 CAT 含量呈下降趋势;随胁迫程度的加深,二者 CAT 含量呈先上升后下降趋势(图 7-18)。胁迫 30 d 时,"富康源 1 号"CAT 含量高于"黑宝石","黑宝石"CAT 含量在 W_1 处理下较对照显著增加 45.94%，在 W_2 和 W_3 处理下较对照显著下降 5.02% 和 83.66%，"富康源 1 号"CAT 含量在 W_1 处理下较对照显著提高 61.25%，在 W_2 和 W_3 处理下较对照显著降低 23.82% 和 27.47%；胁迫 60 d 时，"黑宝石"处理组的 CAT 含量较对照显著降低 65.70%、84.64%、89.66%，"富康源 1 号" 处理组的 CAT 含量较对照显著下降 73.14%、93.01%、94.60%。

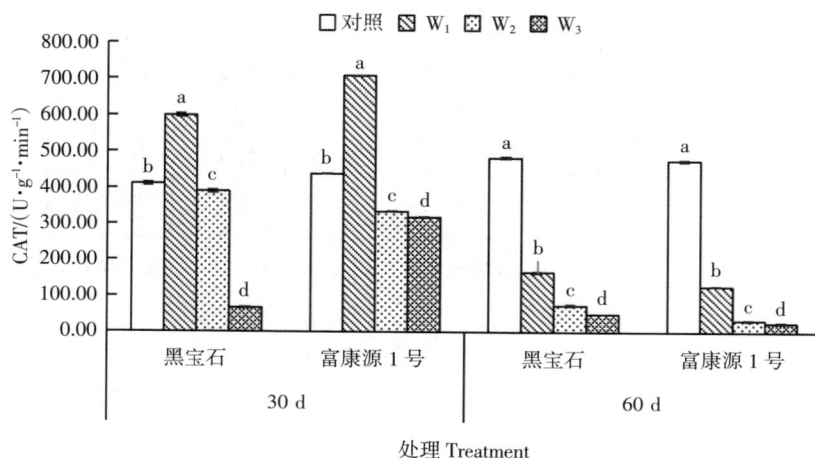

图 7-18　黑果腺肋花楸不同时期过氧化氢酶含量的变化

五、单盐(NaCl)胁迫对黑果腺肋花楸不同品种生理特性的影响

随盐分胁迫程度的加剧，"黑宝石"与"富康源 1 号"可溶性蛋白含量呈下降趋势(图 7-19)。"黑宝石"4 个处理组的可溶性蛋白含量均与对照差异显著，较对照下降 17.69%、34.36%、38.21% 和 55.13%；"富康源 1 号"的 4 个处理组较对照显著降低 18.39%、29.72%、38.25% 和 44.46%。

随盐分胁迫程度的加剧，"黑宝石"Pro 含量呈先上升后下降趋势，"富康源 1 号"Pro 含量呈上升趋势(图 7-21)。"黑宝石"处理组 Pro 含量在盐分浓度为 0.5% 时达到最大值，且最大值为 128.53 μg/g，其他 3 个处理组虽出现下降趋势，但均比对照高，较对照显著上升 68.93%、62.93%、57.41% 和 50.63%；"富康源 1 号"Pro 含量呈上升趋势，在盐分浓度为 2% 时达到最大值，且最大值为 113.92 μg/g，当盐分浓度为 0.5% 时 Pro 含量增长不明显，盐分浓度为 1.0%、1.5%

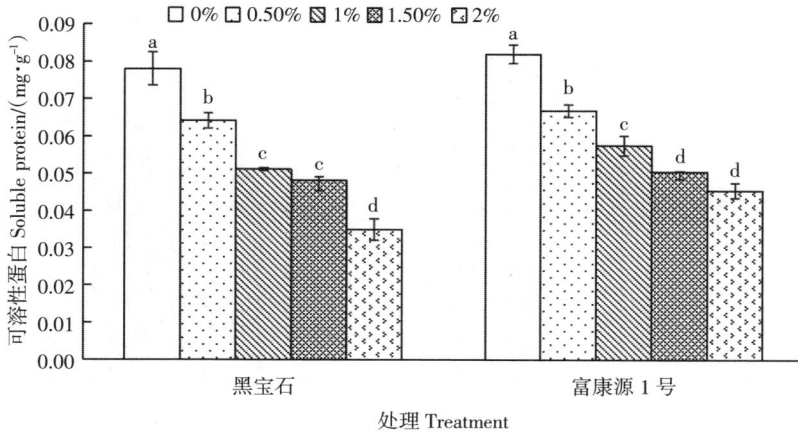

图 7-19　NaCl 胁迫对黑果腺肋花楸叶片可溶性蛋白含量的影响

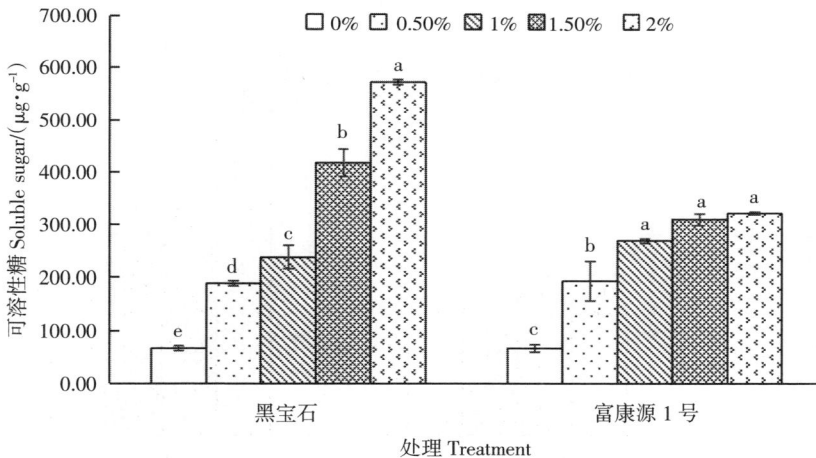

图 7-20　NaCl 胁迫对黑果腺肋花楸叶片可溶性糖含量的影响

和 2.0% 时，较对照显著增加 24.64%、49.61% 和 65.15%。

随盐分胁迫程度的加剧，"黑宝石"与"富康源 1 号"MDA 含量呈先上升后下降趋势（图 7-22）。"黑宝石"MDA 含量在盐分浓度为 1% 时达到最大值，且最大值为 6.79 mmol/g，且比对照显著增加 36.73%，其他处理组则与对照无显著差异（$P>0.05$）；"富康源 1 号"MDA 含量在盐分浓度为 0.5% 时达到最大值，且最大值为 16.12 mmol/g，且 4 个处理组均与对照差异显著，较对照增长 243.36%、131.54%、105.38% 和 76.18%。

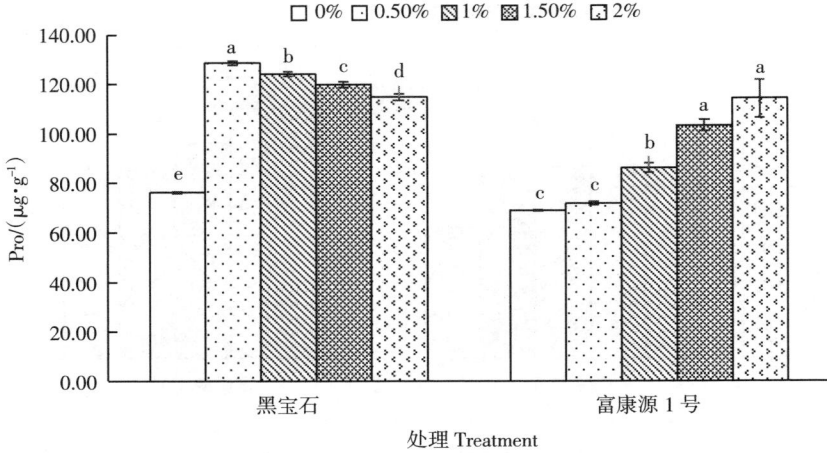

图 7-21　NaCl 胁迫对黑果腺肋花楸叶片脯氨酸含量的影响

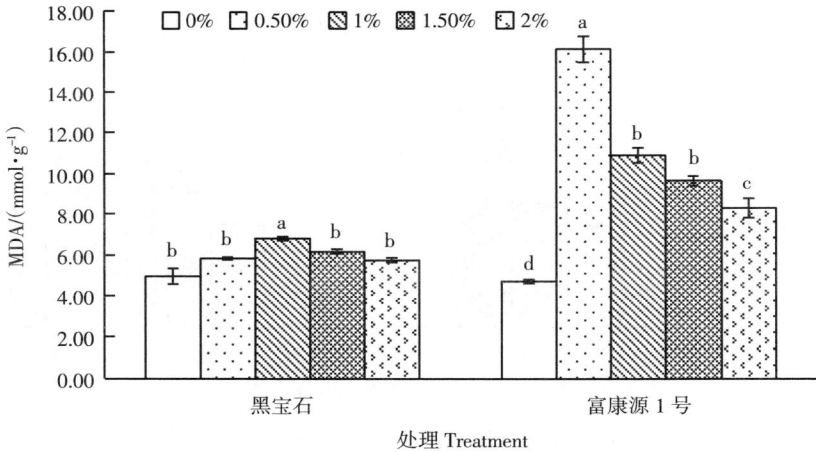

图 7-22　NaCl 胁迫对黑果腺肋花楸叶片丙二醛活性影响

　　随盐分胁迫程度的加剧,"黑宝石"与"富康源 1 号"SOD 活性呈先上升后下降趋势(图 7-23)。"黑宝石"SOD 活性在盐分浓度为 1%时达到最大值,且最大值为 707.19 U/(g·h),在盐分浓度为 0.5%和 1%较对照增加 7.39%和 15.76%,在盐分 1 度为 1.5%和 2%时较对照下降 8.07%、26.13%;"富康源 1 号"SOD 活性在盐分浓度为 0.5%时达到最大值,且最大值为 763.45 U/(g·h),在盐分浓度为 0.5%和 1.0%时较对照显著增加 31.29%和 17.47%,NaCl 浓度为 1.5%和 2.0%时较对照下降 2.07% 和 11.76%。

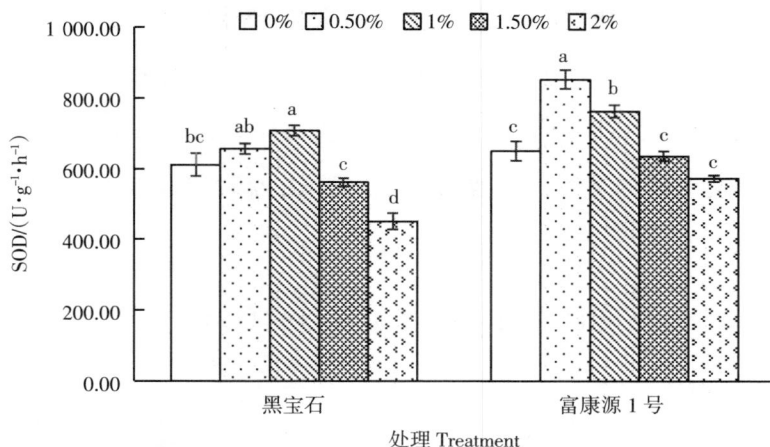

图 7-23　NaCl 胁迫对黑果腺肋花楸叶片超氧化物歧化酶活性的影响

随盐分胁迫程度的加剧，"黑宝石"与"富康源 1 号"POD 活性呈先上升后下降趋势（图 7-24）。"黑宝石"POD 活性在盐分浓度为 0.5% 时达到最大值，较对照显著增加 96.27%，NaCl 浓度为 1.0%、1.5% 和 2.0% 时较对照显著下降 39.15%、55.40% 和 77.74%；"富康源 1 号"POD 活性在盐分浓度为 0.5% 时较对照显著增长 90.70%，在盐分浓度为 1.0%、1.5% 和 2.0% 时较对照显著下降 42.98%、61.78% 和 75.24%。

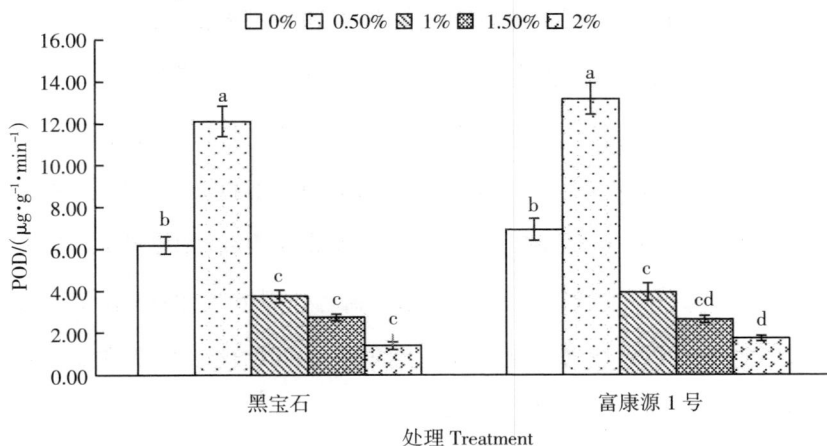

图 7-24　NaCl 胁迫对黑果腺肋花楸叶片过氧化物酶活性的影响

随盐分胁迫程度的加剧，"黑宝石"与"富康源 1 号"CAT 活性呈先上升后下降趋势（图 7-25）。"黑宝石"CAT 活性在盐浓度为 0.5%时达到最大值，较对照显著增长 78.35%，在盐浓度为 1.0%、1.5%和 2.0%时较对照显著下降 17.05%、17.93%和 46.54%；"富康源 1 号"CAT 活性在盐浓度为 0.5%和 1.0%时较对照显著增加 114.02%和 59.38%，在盐浓度为 1.5%和 2.0%时较对照显著降低 56.73%和 82.92%。

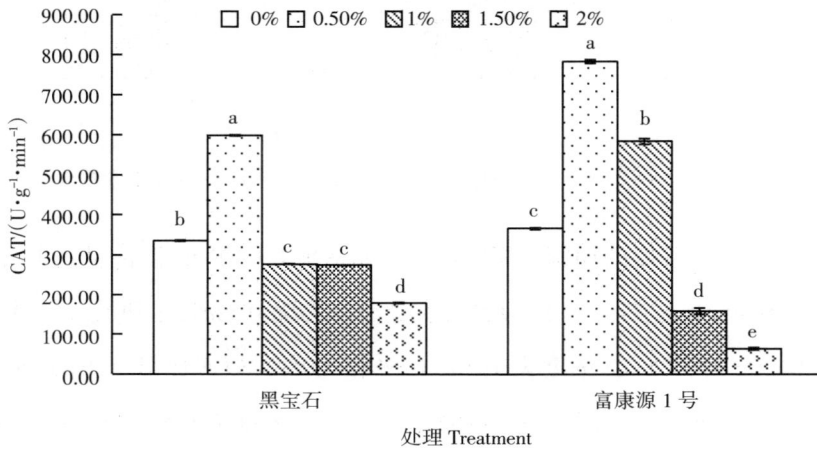

图 7-25 NaCl 胁迫对黑果腺肋花楸叶片过氧化氢酶活性的影响

六、复盐胁迫对黑果腺肋花楸不同品种生理特性的影响

由图 7-26 可知，中性盐胁迫下，黑果腺肋花楸叶片中 MDA 含量呈先上升后下降趋势，在 50 mmol/L 浓度下与对照组相比均无显著性差异；随着胁迫浓度的继续升高，叶片中 MDA 含量均有不同程度的增加；当胁迫浓度高于 50 mmol/L时，叶片中 MDA 含量均随着胁迫强度的增加而显著上升；盐浓度达到 150 mmol/L时，较对照组显著下降；碱性盐胁迫下，黑果腺肋花楸叶片 MDA 含量呈逐渐下降趋势，较对照组差异显著，盐浓度达到 150 mmol/L 时，比中性盐处理低出29.05%，相比对照降低了 22.46%。

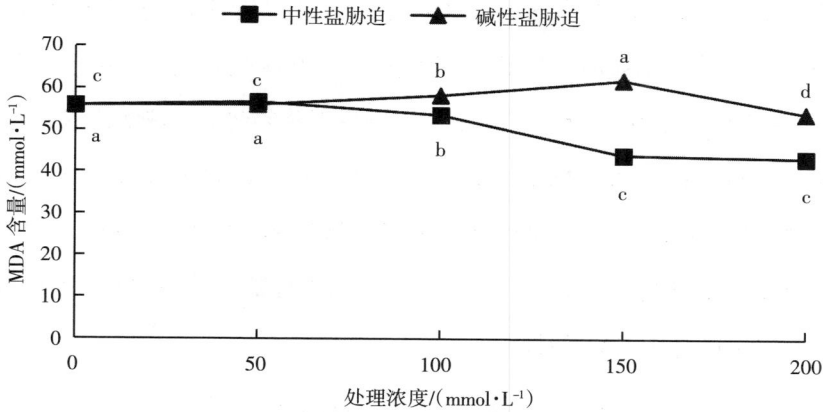

图 7-26　黑果腺肋花楸复盐 MDA 含量

由图 7-27 可知,随着中性盐浓度的增加,黑果腺肋花楸叶片 SOD 活性呈先升高后降低的趋势。100 mmol/L 中性盐胁迫下,SOD 活性达到最大值,显著高于对照;150~200 mmol/L 时,SOD 活性持续下降均显著低于对照。碱性盐胁迫下黑果腺肋花楸叶片 SOD 活性也表现出先升后降的变化。50~150 mmol/L 碱性盐处理的 SOD 活性显著高于对照;200 mmol/L 胁迫浓度下,SOD 活性降幅较大,显著低于对照组。

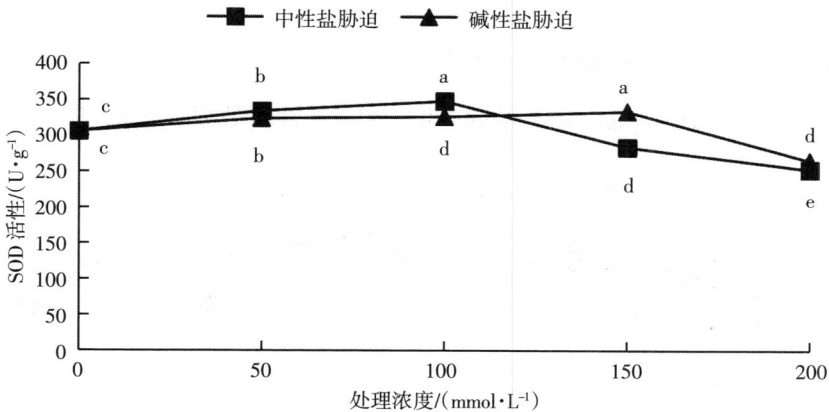

图 7-27　黑果腺肋花楸复盐 SOD 活性

由图 7-28 可知,随着胁迫浓度的增加,黑果腺肋花楸叶片 CAT 活性发生了一定的变化。在中性盐处理下,当盐度为 0~50 mmol/L 时,叶片 CAT 活性呈现急速上升趋势,并在盐度为 50 mmol/L 时达到最大值,随后随着盐浓度的增加 CAT 活性开始下降,但均显著高于对照组。碱性盐胁迫下,随着盐浓度的增加,黑果腺肋花楸叶片 CAT 活性呈先上升后下降趋势。当碱性盐浓度升高至 100 mmol/L 时 CAT 活性达到最大值, 与对照相比,CAT 活性增加了 23.73%,随后随着胁迫浓度的增加 CAT 活性缓慢下降;当碱性盐浓度降至 200 mmol/L 时, CAT 活性依然显著高于对照,在相同的盐度下,中性盐叶片中 CAT 活性均高于碱性盐胁迫下叶片中 CAT 活性。

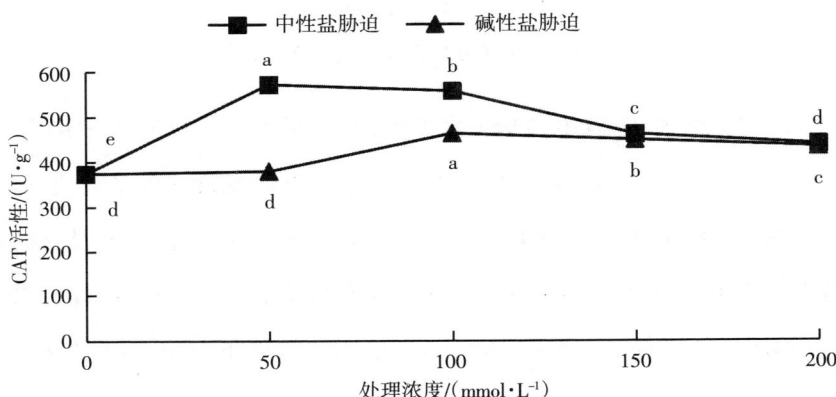

图 7-28 黑果腺肋花楸复盐 CAT 活性

从图 7-29 可知,随着胁迫浓度的增加,中性盐胁迫下的黑果腺肋花楸叶片 POD 活性先升高后降低。100 mmol/L 时,POD 活性开始明显下降,但均显著高

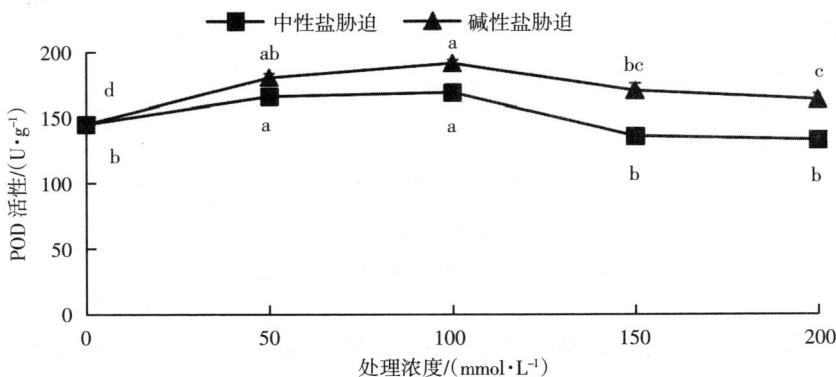

图 7-29 黑果腺肋花楸复盐 POD 活性

于对照组。碱性盐胁迫下黑果腺肋花楸叶片 POD 活性变化与中性盐胁迫下类似，也表现出先升后降的趋势。100 mmol/L 碱性盐胁迫下 POD 活性达到最高，显著高于对照；100~200 mmol/L 时，POD 活性与对照相比差异不显著；相同盐浓度下，碱性盐胁迫下叶片内 POD 活性高于中性盐胁迫。

由图 7-30 可知，中性盐和碱性盐胁迫均明显影响了黑果腺肋花楸幼苗叶片中的脯氨酸含量，随着处理液浓度的增加，叶片中脯氨酸含量均呈逐渐下降趋势。在中性盐胁迫下，脯氨酸含量在处理浓度为 200 mmol/L 时降幅较小。在碱性盐溶液处理下，黑果腺肋花楸叶片脯氨酸含量均显著低于对照。中性盐和碱性盐处理组的脯氨酸含量均在盐浓度 0 mmol/L 时达到最大值；相同盐浓度下，中性盐胁迫下叶片内脯氨酸含量高于碱性盐胁迫。

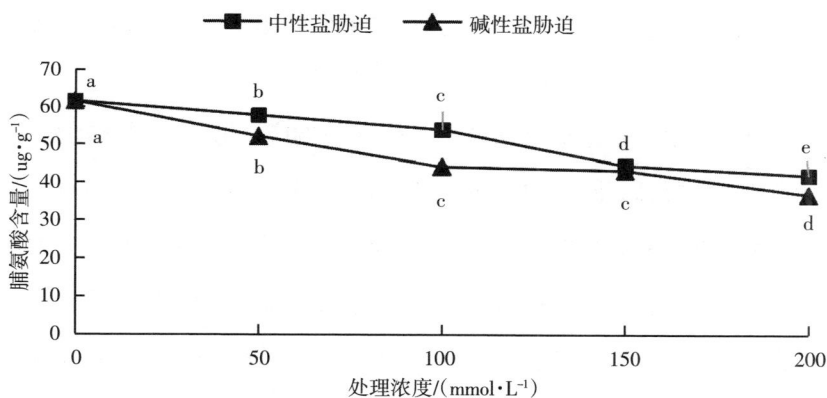

图 7-30　黑果腺肋花楸复盐脯氨酸含量

第三节　机理分析

一、干旱胁迫对"富康源 1 号"与"黑宝石"的生理响应

干旱是限制植物生长发育的重要逆境因素之一，生长和各器官之间生物量配比的变化是植物应对逆境胁迫的基本响应机制之一。本研究中干旱胁迫抑制了"黑宝石"与"富康源 1 号"的生长，新梢长和新梢粗生长缓慢。随着干旱时间的延长，轻度干旱时新梢长和新梢粗均增长，中度干旱和重度干旱生长缓慢，甚

至不生长。同时,根冠比在轻度干旱时达到最大,在中度干旱和重度干旱下表现为下降,说明"黑宝石"与"富康源1号"在一定程度上可通过增加根冠比调节地上和地下器官生物量分配,以适应干旱环境;这与赵英等的研究结果相似。对比"黑宝石"和"富康源1号"生长发现,干旱处理下"黑宝石"的新梢长和新梢粗较"富康源1号"增长较快,但二者显著差异,说明干旱胁迫处理对二者的生长均产生抑制作用,"黑宝石"较于"富康源1号",抑制作用较小。同时,在轻度干旱下二者根冠比增长较快,说明在轻度干旱胁迫下根部所占的生物量比例逐渐升高,地上部生物量则逐渐减少,表明黑果腺肋花楸可通过增加根系的数量来扩张吸收水分的范围,降低地上部分水分的使用来维持其正常生长,这和大部分植物的生长变化规律一致。但在中度和重度干旱胁迫下,"富康源1号"较"黑宝石"的根冠比下降慢,说明在中度和重度干旱胁迫下,干旱胁迫对"富康源1号"地下和地上生物量的抑制作用小于"黑宝石"。

渗透调节是植物适应缺水条件的一个显著响应,其作用是主动积累溶质,使渗透势和水势降低,维持膨压,进行渗透调节,防止水分流失。也可保持细胞膜结构的完整性,使植物体的代谢过程正常进行。可溶性蛋白是重要的渗透调节物质,能提升植物细胞的保水性能。本研究结果表明,"黑宝石"可溶性蛋白含量在轻度干旱胁迫时显著增加,"富康源1号"则显著增加,说明黑果腺肋花楸两个品种在遭遇干旱胁迫时可通过积累渗透调节物质,增大膨压吸收水分;这与闽楠幼苗、伊犁绢蒿幼苗在干旱胁迫下可溶性蛋白含量变化相似。"黑宝石"与"富康源1号"的可溶性蛋白含量先上升,可能是由于为抵挡缺水对植株的伤害,可溶性蛋白通过主动积累或保护酶活性增加而导致蛋白含量升高;而可溶性蛋白含量出现下降,可能是由于植物严重缺水,保护酶活性降低,抑制蛋白质的合成,且逆境胁迫会导致蛋白质的分解,故蛋白质的含量下降。脯氨酸作为参与生理代谢平衡的主要渗透调节剂,在干旱条件下,植物通过积累脯氨酸含量防止水分散失,保持植株正常生理代谢,稳定膜系统及维持蛋白的正常构象的目的。本试验研究发现,干旱胁迫下"黑宝石"脯氨酸含量不断积累,虽然"富康源 1 号"脯氨酸含量在轻度干旱时增长较快,中度和重度干旱胁迫下出现下降,但均比对照高;这与廖亮、崔颖等的研究结果相似。说明黑果腺肋花楸两个品种幼苗可以通过脯氨酸的积累来保持膨压,减少水分散失,保护酶系统。即"黑宝石""富康源1 号"幼苗在干旱的不良环境下可通过脯氨酸含量的增加来维持植株的正常代谢。

生物膜是植物体的重要屏障,也是外界环境与细胞内进行物质交换、信息交流的主要通道,对于植物体具有重大意义。当植物受到不良环境胁迫时,细胞膜透性都会相应的增大,进而导致植物体器官的老化甚至死亡。植物在干旱胁迫下,体细胞的活性氧自由基会产生积累,破坏植物体内的细胞膜结构的完整性,从而加深细胞膜脂过氧化程度,进而导致膜脂过氧化产物——MDA 的积累,使细胞膜的稳定性降低,膜透性增大,电解质发生外渗,而植物抗旱性与细胞膜的稳定性密切相关。因此,MDA 可用作检验脂质过氧化强弱程度与细胞膜受损程度的一个重要参考物质。本试验研究发现随胁迫程度的加深,"富康源 1 号"和"黑宝石"MDA 含量逐渐上升,说明干旱胁迫下黑果腺肋花楸两个品种幼苗叶片中活性氧大量积累,膜脂过氧化作用增强,细胞膜遭到破坏,膜透性变大,故 MDA 含量增加;这与王宝增、李莉、权伍荣等研究结果相似。"黑宝石"MDA 含量在 T_1 处理下出现下降,可能是因为植株在受到外界环境伤害时为防止自身水分散失而进行自我保护的一个措施。随干旱时间的延长,干旱胁迫下的 MDA 含量均低于对照。说明随时间的延长,"富康源 1 号"和"黑宝石"幼苗的抗旱性变弱,胞膜透性也达到最大。

植物在干旱环境下,植物体内的自由基会快速增加,为清理过量的活性氧自由基,减少其对细胞膜的损伤,植物会启动酶类抗氧化系统来抵御其对植株的伤害,在这过程主要以 SOD、POD、CAT 为主。SOD 是清除生物体内自由基的主要物质,可将超氧自由基转为 H_2O_2,它在植物体内含量的高低是衰老与死亡的直观指标。通常,干旱胁迫时植物体内的 SOD 活性与抗氧化能力呈正相关。CAT 的主要作用是作为催化剂,将 H_2O_2 分解为 H_2O 与 O_2,从而使植物细胞避免

受到 H_2O_2 的毒害。POD 具有清除 H_2O_2 和酚类、胺类、苯类、醛类毒性的双重功效。本研究发现,干旱胁迫下保护酶活性整体呈先上升再下降趋势,这与王超英、王纪辉、洪震等人的研究结果相似。处理初期,为清除干旱环境下积累的大量活性氧自由基,保护酶活性增加;处理后期保护酶活性下降,是由于严重缺水导致幼苗细胞生理代谢失调,产生大量的自由基,膜脂过氧化作用增强,已超过保护酶自身可以调节的范围,从而导致保护酶活性下降。表明在轻度干旱胁迫下黑果腺肋花楸幼苗可以通过保护酶系统来维护幼苗的正常生理代谢,维持植株正常生长;但在中度和重度干旱胁迫下,幼苗体内的保护酶活性降低,干旱胁迫产生的活性氧自由基影响幼苗正常生长。

二、水涝胁迫对"黑宝石"与"富康源 1 号"的生理响应

新梢生长量可反映植物的抗逆性,新梢生长量与抗逆性呈正相关。本研究中,随胁迫时间的延长,"黑宝石"与"富康源 1 号"的新梢长和新梢粗生长较缓慢,在轻度水涝下新梢长和新梢粗增长,但中度水涝和重度水涝生长较缓慢,甚至不生长。因此,水涝胁迫程度越深,对黑果腺肋花楸的抑制作用越大。生物量配比是植物适应不同环境变化的重要方式之一,不同水涝胁迫处理对植株生物量的积累和分配会产生不同的变化。研究发现,黑果腺肋花楸根冠比在轻度水涝时达到最大,中度水涝和重度水涝时根冠比出现下降趋势,说明水涝胁迫的不同程度对黑果腺肋花楸的耐涝反应具有不同影响。同时,"黑宝石"与"富康源 1 号"在一定程度上能通过增加根冠比调节地上和地下器官的生物量分配,以适应水涝环境。对比"黑宝石"和"富康源 1 号"生长发现,水涝处理下"黑宝石"的新梢长和新梢粗较"富康源 1 号"增长较快,但二者间无明显差异,说明水涝胁迫处理对二者的生长均造成了一定的抑制作用。"黑宝石"较"富康源 1 号"而言,抑制作用较小。同时,在轻度水涝处理下二者根冠比增长较快,在中度和重度水涝胁迫下,"富康源 1 号"较"黑宝石"的根冠比下降较慢,说明在中度和重度水涝胁迫下,水涝胁迫对"富康源 1 号"地下和地上生物量的抑制作用小

于"黑宝石"。

可溶性蛋白作为重要的渗透调节物质，能够增加植物细胞的保水性能,水涝胁迫过程中某些参与正常代谢的蛋白会合成受阻,但某些蛋白却能在水涝的状态下合成,这些蛋白包括贮藏蛋白、逆境蛋白等。本试验研究发现,"黑宝石"可溶性蛋白的含量只在中度水涝胁迫时显著增加,"富康源1号"则在轻度水涝显著增加,说明两个品种在轻度水涝的状态下,植物能够平衡自身正常蛋白的合成,在轻度水涝时蛋白质的含量上升,利于提高其耐涝性;而随水涝胁迫程度的加剧,可溶性蛋白含量开始下降,可能是由于植物受到水涝胁迫,保护酶的活性受到抑制,影响蛋白质的合成,且水涝胁迫会诱使蛋白质分解,故蛋白质含量下降;这与齐艳等人的研究结果一致。脯氨酸作为重要的渗透调节剂参与生理代谢,可稳定生物大分子结构、调节细胞质的渗透势、防止细胞脱水等。本试验研究发现,水涝胁迫下"黑宝石"和"富康源1号"脯氨酸含量在30 d时出现下降趋势,均比对照高;60 d时重度水涝低于对照,说明"黑宝石""富康源1号"幼苗在水涝下可通过脯氨酸的积累来维持机体的正常代谢;这与陈雪妮等人的研究结果一致。

水涝胁迫下,酶保护系统遭到破坏,自由基的氧化作用造成膜脂过氧化,而产生MDA。MDA含量可衡量膜系统受害等级及植物对水涝逆境条件的反应。本试验研究发现,随着水涝胁迫程度的加深,"富康源1号"和"黑宝石"MDA含量逐渐上升,说明试验前期MDA含量随胁迫程度加深而升高;随着水涝时间的延长,水涝胁迫下MDA含量均低于对照,说明随着时间的延长,"富康源1号"和"黑宝石"幼苗的抗旱性变弱,胞膜透性达到了最大。

环境胁迫会对植物产生毒害作用,为避免环境产生的毒害,植物自身就会开启一种防御和保护系统。本试验中,"黑宝石"与"富康源1号"的SOD活性均呈先上升后下降趋势,说明在水涝程度更深下植物更能作出及时的反馈,提高自身SOD的活性以清除过多的自由基。随着水涝程度的加深,"富康源1号"SOD活性迅速下降,可能是植物根系正常生长活动受到抑制,导致SOD的活性下降。"黑宝石"的SOD活性表现出缓慢下降趋势,说明植物暂时能够提高SOD活性以适应环境,但由于根系在长期水涝后遭到损伤,SOD活性开始下降。POD、CAT活性变化趋势为先上升后下降;这与曾艳的研究结果一致。其中,"黑宝石"POD含量骤然上升,说明"黑宝石"对水涝胁迫环境有积极的响应,"富康源1号"CAT含量在轻度水涝胁迫下大幅上升,这是"富康源1号"为减轻细胞伤害而作出的适应性反应。胁迫程度较轻时,为清除逆境胁迫下积累的大量活性氧自由基,保护酶活性增加,从而减轻膜脂过氧化作用对植物造成的伤害。处理后期保护酶活性开始下降,是因为随时间增加胁迫程度加剧,植株幼苗细胞代谢失衡,自由基大量的积累造成膜脂过氧化作用增强,导致保护酶活性下降,表明在轻度水涝处理下黑果腺肋花楸幼苗可以通过渗透调节物质与保护酶系统协作来维持幼苗的正常生理代谢,而中度和重度水涝胁迫下保护酶活性下降,从而影响幼苗正常生长。

三、盐分胁迫对"黑宝石"与"富康源1号"的生理响应

渗透调节机制是植物抗盐的重要机制,可溶性糖、可溶性蛋白和脯氨酸是目前研究较多的有机渗透调节物质。这些化合物用作渗透保护剂,以降低细胞的渗透势,提高植物的吸水能力,稳定代谢。逆境下可溶性糖含量的增加可以提高细胞液的浓度,使植物的细胞渗透压下降,利于根细胞继续从土壤中吸收营养物质,也为呼吸代谢提供作用底物。盐分胁迫下,"黑宝石"和"富康源1号"可溶性糖含量显著高于对照,且随着NaCl浓度增加而增加;这与高昆等人的研究结果相同。但盐分胁迫下,"黑宝石"始终比"富康源1号"可溶性糖含量高。可溶性糖的含量随盐浓度增大而增加,表示植物通过提高可溶性糖含量来缓解水涝造成的伤害。脯氨酸含量也随着盐分浓度增加而升高,孙雅等也得出了相同的结论。可溶性蛋白为植物体内重要的渗透调节物质,对植物抵抗逆境起一定的作用。有研究发现,盐胁迫条件下植物叶片的可溶性蛋白质含量增加。而本研究中,随盐分浓度的增加,可溶性蛋白含量呈下降趋势。说明NaCl胁迫程度越高

对黑果腺肋花楸两个品种叶片渗透调节物质的影响越大。

　　盐胁迫处理下,难以保持细胞内活性氧的产生与清除的动态平衡,产生大量 MDA,破坏细胞膜结构,导致植物的生理失衡。故而,MDA 也被认为是膜脂过氧化水平的标志。本研究中,黑果腺肋花楸幼苗叶片中 MDA 含量随盐含量增加而增加,说明在盐胁迫下黑果腺肋花楸幼苗细胞内产生了大量的自由基,对黑果腺肋花楸幼苗细胞的质膜产生了过氧化伤害。"黑宝石"在盐分浓度为 1%、"富康源 1 号"在盐分浓度为 0.5%时,MDA 含量较对照显著增加,说明此时细胞膜已受到了严重伤害,体内的代谢过程已被打乱。黑果腺肋花楸幼苗叶片的 SOD、POD 和 CAT 活性呈先上升后下降趋势,这与王涛等的研究结果相似。说明在低浓度的盐分下,SOD、POD 和 CAT 可消除黑果腺肋花楸幼苗细胞内的自由基。但超过一定的盐分浓度时就会抑制抗氧化酶活性,导致植物体内的抗氧化酶活性下降。本研究中,NaCl 浓度为 0.5%时 POD、CAT 活性急剧上升,说明黑果腺肋花楸对 NaCl 胁迫环境有积极的响应,盐分含量为 1%时,SOD 活性开始下降,当盐分含量为 0.5%时,POD、CAT 活性开始下降,这是由于盐胁迫浓度增大,大量的 Na^+进入细胞内,导致细胞内多种功能受到破坏,生理代谢紊乱,活性氧的增加远远超过其可以调节的阈值,叶片丧失了保护生物体机能,植株受到了自由基的侵害,导致 SOD、CAT 和 POD 活性下降,从而影响植株的正常生长。

第四节　研究结论

一、干旱胁迫对黑果腺肋花楸生理响应

　　随干旱时间增加,2 种黑果腺肋花楸新梢生长量呈上升趋势,在中度和重度胁迫下生长缓慢;随着胁迫程度加深,新梢生长量、可溶性蛋白、脯氨酸和保护酶 SOD、POD、CAT 活性呈下降趋势。说明胁迫程度越高对黑果腺肋花楸生长抑制作用越大。"富康源 1 号"耐旱性强于"黑宝石","富康源 1 号"可耐中度干旱(45%~50%Φf),"黑宝石"可耐轻度干旱(60%~65%Φf),即"富康源 1 号"可在

年降水量 340 mm 左右的地区生长,"黑宝石"可在年降水量 358 mm 左右的地区生长,表明黑果腺肋花楸两个品种均可在宁夏固原地区正常生长。

二、水涝胁迫对黑果腺肋花楸生理响应

随水涝时间的增加,"富康源 1 号"和"黑宝石"的新梢生长量呈上升趋势;随水涝胁迫程度的加深,"富康源 1 号"和"黑宝石"新梢生长量呈下降趋势;根冠比、可溶性蛋白、脯氨酸含量和保护酶 SOD、POD、CAT 呈先上升后下降趋势,且在轻度水涝处理时达到最大值,说明黑果腺肋花楸两个品种均可耐轻度水涝,且耐水湿能力可达 30 d。在中度和重度水涝胁迫下,水淹胁迫对"富康源 1 号"地下和地上生物量的抑制作用小于"黑宝石"。

三、单盐胁迫对黑果腺肋花楸生理响应

随盐分胁迫程度的加深,"黑宝石"与"富康源 1 号"的可溶性糖与脯氨酸含量呈上升趋势,可溶性蛋白的含量呈降低趋势。说明盐分胁迫程度越高对黑果

表 7-6 黑果腺肋花楸复盐生长情况表

处理浓度/ (mmol·L⁻¹)	土壤 含盐量/ (g·kg⁻¹)	5 d	10 d	15 d	20 d
对照		正常	正常	正常	正常
中性盐 50	1.597 8	正常	正常	正常	少量叶片有黄色斑点
中性盐 100	1.998 4	正常	正常	少量叶片有黄色斑点	少量叶片有黄色斑点
中性盐 150	2.489 7	正常	少量叶片有黄色斑点	少量叶片变黄	出现少量黄叶
中性盐 200	2.890 3	正常	少量叶片有黄色斑点	少量叶片变黄	1/2 黄叶
碱性盐 50	1.998 1	正常	正常	正常	正常
碱性盐 100	2.592 0	正常	正常	正常	正常
碱性盐 150	2.793 3	正常	正常	少量叶片变黄	少量叶片变黄
碱性盐 200	3.088 3	正常	少量叶片有黄色斑点	少量叶片变黄	少量叶片变黄

腺肋花楸两个品种叶片渗透调节物质的影响越大。保护酶活性呈先上升后下降趋势，说明在轻度胁迫时，黑果腺肋花楸两个品种对盐分胁迫环境有积极响应；随着胁迫程度的加深，保护酶活性下降，说明高浓度的盐分导致膜质过氧化程度加剧，活性氧的增加远远超过其可以调节的阈值，叶片丧失了保护生物体机能，植株受到了自由基的侵害。水培状况下"黑宝石"和"富康源1号"可耐盐分浓度均为0.5%。

四、复盐胁迫对黑果腺肋花楸逆境生理响应

从表7-6及研究结果发现，中性盐胁迫下黑果腺肋花楸受损伤程度大于碱性盐胁迫，中性盐胁迫下黑果腺肋花楸可耐50 mmol/L处理浓度，即可耐水溶性盐含量为0.33%；碱性盐胁迫下黑果腺肋花楸可耐100 mmol/L处理浓度，可耐水溶性盐含量为0.85%。经复盐胁迫试验的土壤测定，适宜黑果腺肋花楸栽培的土壤中性盐含盐量0.16%，耐中性盐的阈值为0.2%；适宜黑果腺肋花楸栽培的碱性盐含盐量≤0.26%，耐碱性盐的阈值为0.31%。

第八章　宁夏引种黑果腺肋花楸苗木繁育与栽培技术研究

宁夏南部山区种植黑果腺肋花楸已有一定的规模和数量,但由于自身繁育能力的不足和技术上的欠缺,种苗长期依靠外购解决,这既增加了当地财政的负担,也影响和限制了黑果腺肋花楸规模化和产业化发展。为了解决黑果腺肋花楸在宁夏的繁育技术和苗木短缺问题,本研究以黑果腺肋花楸"富康源 1 号"和"黑宝石"两个品种为研究对象,开展了其在宁夏南部山区塑料大棚播种育苗和嫩枝扦插育苗的技术研究。

第一节　塑料大棚播种育苗技术研究

一、研究地概况

研究地点位于宁夏固原市六盘山林业局良种繁育中心苗圃,该苗圃地位于宁夏泾源县泾河源镇,坐标 106°23′21″E, 35°24′22″ N,海拔 1 780 m。该区域气候属于温带半湿润向半干旱过渡气候区,具有春晚、夏短、秋早、冬长的特点。年平均气温 5.8~6.5 ℃,最冷月平均气温−12 ℃,最热月平均气温 23.5 ℃, ≥10 ℃的积温 1 846.6~2 090 ℃;年均日照时数 2 100~2 400 h,年均日照百分率 51%;无霜期 90~130 d;年降水量 650~676 mm,年均相对湿度 69%。

二、材料与方法

(一)研究材料

本试验材料为黑果腺肋花楸品种"富康源 1 号"(*Aronia melanocarpa* 'Fukangyuan 1')和"黑宝石"(*Aronia melanocarpa* 'Heibaoshi')。"富康源 1 号"是辽宁省干旱研究所选育的黑果腺肋花楸良种,该品种主要特性是株状低、结果早、产量高、品质优,适应性强。"黑宝石"是黑龙江省黑河市林业局选育的黑果腺肋花楸良种,该品种主要特性是株丛茂密,果实成熟期早,自然坐果率高,1 年生苗定植后当年即可见果,第 4 年进入丰产期,单株丛产量 3.69 kg,6 年生苗木单株产量达到 5 kg 以上。两个品种果实富含花青素、维生素 C、糖、氨基酸、蛋白质及多种微量元素,营养成分丰富,具有多种医疗保健功效,抗逆性强,产量高,管理技术简单易行。

(二)研究方法

1. 果实采收和保管

黑果腺肋花楸的果实由红色转变成黑色之后立即采集果实,采用两种方法对黑果腺肋花楸果实进行保管。一是将采集的果实放入低温库中保管,保持新鲜状态,播种前从低温库中取出调制使用;二是果实成熟后将其装在果筐中放在室外自然阴干,待到处理种子前进行调制。

2. 种子调制

调制时将以上两种方式储藏的果实揉碎,并用清水冲洗,去掉果皮及果肉,淘出种子。将淘出种子晾干,除去种子上附着的黏性物质(假种皮)后,放置冰箱中冷藏待用。

3. 种子处理

秋季育苗:将调制好的种子用清水浸泡 5~7 d,每天换水 1 次。待种子充分吸水后,将种子捞出沥干,用浓度 0.5%的高锰酸钾溶液浸泡 1 h 后,直接播种在育苗床上。

春季育苗:将消毒后的种子以种子和河沙按体积比 1∶3 比例充分混合,河沙湿度以捏紧成团,落地散开为宜。在室内自然温度下堆放,每 2 天翻动 1 次,待室外温度稳定在 0 ℃以下,将处理的种子移至室外自然冷冻,翌年 3 月初放入室内,转入冷湿处理,温度保持在 5~10 ℃,每 2~3 d 翻动种沙 1 次,当 2/3 种子露白(开始发芽)时进行播种,播种前将种子取出,用多菌灵进行配成 1%浓度的水溶液拌种消毒,再进行播种。

4. 育苗及管理方法

(1)整地作床。育苗地宜选在质地疏松、排水良好、土层深厚肥沃的轻壤土上,以中性或微酸性土壤为宜。整地前按照肥料使用技术每亩施入磷肥 50 kg、复合肥 20~30 kg、硫酸亚铁 8~10 kg,将辛硫磷和杀菌剂混合洒在床面,然后对育苗地进行深翻,然后再整地,整地要细致,发现虫害要拣出,并及时处理掉。苗床的高 30 cm,长、宽根据棚的大小来定,做好床后用钉耙搂净苗床里的杂草、石块。

(2)播种。秋季播种时间选择在 10 月底至 11 月底土壤封冻前。播前床面每平方米喷 1%浓度多菌灵水溶液 100 mL 消毒,并洒水浇透。开沟条播,播幅 8 cm,行距 10 cm。播后用过筛育苗基质覆盖,厚度 0.5 cm,以不见种子为宜,播种后立即浇透水。春季播种在 3 月中下旬,沙藏的种子已经 2/3 种子露白,土壤化冻后进行播种。播种前将种子取出,用多菌灵进行拌种消毒,再进行播种。采用条播的方法进行,播幅 8 cm,行距 10 cm,播后立即覆土,覆土厚度以 0.5 cm 为宜,播后立即浇透水,然后棚上方覆盖遮阴网。

(3)苗期管理。幼苗出土前,每天早晚各喷水 1 次,保持床面湿润。70%幼苗出土后,在雨天或阴天时可撤除遮阴网,晴天时要注意遮阴,视土壤墒情和天气情况,每隔 3~5 d 喷水一次。从播种到幼苗期,苗木生长较慢,抗性差,为防止病害感染,每 7~10 d 喷洒 1 次多菌灵或代森锌,交替进行。浇透水以后及时清除杂草,防止将幼苗带出。苗木进入速生期后,杂草较多,要及时清除,并随后追肥,采取少量多次的原则,选择灌水后进行追施,在此期间要随时注意观察病虫危害,随时发现随时防治。进入 8 月,减少浇水次数,停止追肥,促使苗木尽快木质化,以便增强越冬能力。

（三）数据处理与分析

出苗率:当苗木生长高度达到 10 cm 后,随机抽样,计算样行的平均出苗数,推算出每个处理成活的播种苗数量,除以试种子数量的百分比。

植株生长量测量:播种后在 6 月中旬、7 月底和 10 月底,每个处理的每次重复中随机抽取 10 株小苗用钢卷尺和游标卡尺测量高度和粗度(地径)。根系生长情况调查在出圃前随机抽取 30 株测量主根长,统计≥5 cm 长度的侧根数。

所有数据处理采用 Excel 2010 处理与分析。

三、研究结果与分析

（一）不同品种播种出苗率和生长情况的对比

从表 8-1 数据看,"富康源 1 号"和"黑宝石"两个品种秋季播种出苗率均不高,"富康源 1 号"为 16%,而"黑宝石"出苗率仅为 4.5%。此外,两个品种后期生长发育差别也较大,"富康源 1 号"生长发育比"黑宝石"表现更好,其发芽出苗较"黑宝石"早 10~15 d,株高生长量比"黑宝石"高 16%,横茎生长量比"黑宝石"高 10%。而根系生长方面,"富康源 1 号"平均主根长比"黑宝石"低 13.3%,≥5 cm 长度的侧根数相同。

表 8-1 不同品种播种出苗率和生长情况调查表

品种名称	播种时间	播种出苗率/%	不同时间发育情况（日/月）					不同时期平均生长量/cm						根系生长	
								6 月 15 日		7 月 25 日		10 月 20 日		根系生长	
			出苗时间	二层叶	三层叶	四层叶	五层叶	高生长	粗生长	高生长	粗生长	高生长	粗生长	平均主根长/cm	≥5 cm 长度的侧根数
富康源 1 号	2019 年 11 月 21 日	16	23/3	2/4	15/4	31/4	19/5	11.0	0.35	21.0	0.44	29.0	0.55	13.0	6
黑宝石	2019 年 11 月 23 日	4.5	2/4	13/4	30/4	18/5	1/6	8.0	0.30	17.2	0.40	25.0	0.50	15.0	6

以上表明"富康源 1 号"和"黑宝石"两个品种秋季直接播种育苗出苗率低，远达不到生产需要。造成这种差异性原因可能和种子的播种品质（发芽率、发芽势）相关，由于不同品种黑果腺肋花楸种子长、宽、千粒重、含水量等都不相同，造成其发芽、生长差异。已有相关研究表明，黄连木、香椿、银杏等树种不同种源的种子在形态特征有差异，种子内含物和播种品质等都有差异。由于同一树种分布在不同地区或引种到其他地区，长期受各自地区的气候条件、土壤等环境条件的影响，就会产生能适应各自环境条件的品种变异，其中有些变异，如在生理上、抗性上以及外部形态等方面形成新性状，有些优良性状可通过无性繁殖方式固定下来，进而产生新的品种。自然界树木品种起源和发育历程不同不仅造成了它们不同形态特征，而且生理特性也存在明显的差异性。"黑宝石"品种从俄罗斯引进，"富康源 1 号"品种从朝鲜引进，朝鲜从捷克斯洛伐克引进，种源地不同产生变异，播种出苗率和初生长发育不同。

（二）同一品种不同季节播种出苗率和生长发育情况的研究

表 8-2 数据表明，同一品种不同季节播种，播种出苗率和生长发育情况有差异。春季播种出苗率比秋季高 119%；秋季播种生长发育比春季播种早 15~25 d；秋季播种高度和粗度平均生长量分别比春季播种高 7.4% 和 5.7%；根系生长有明显差异，秋季播种平均主根长和 ≥5 cm 长度的侧根数分别比春季播种高 30% 和 33%。

表 8-2 "富康源 1 号"不同季节播种出苗率和生长情况调查

播种季节	播种时间	播种出苗率/%	不同时间发育情况（日/月）					不同时期平均生长量/cm						根系生长	
								6 月 15 日		7 月 25 日		10 月 20 日			
			出苗时间	二层叶	三层叶	四层叶	五层叶	高生长	粗生长	高生长	粗生长	高生长	粗生长	平均主根长/cm	≥5 cm 长度的侧根数
秋播	2019 年 11 月 19 日	16	23/3	2/4	15/4	31/4	19/5	11.0	0.35	21.0	0.44	29.0	0.55	13.0	16
春播	2020 年 3 月 18 日	35	7/4	21/4	10/5	23/5	11/6	9.5	0.30	19.0	0.41	27.0	0.52	10.0	12

黑果腺肋花楸种子属于深休眠型,需要较长时间的层积才能萌发。陈昕等研究与腺肋花楸属相近的花楸属种子休眠机理,认为种皮障碍和存在萌发抑制物质是引起休眠的主要原因。打破种皮抑制,提高播种出苗率方法有高温和低温的层积、变温处理和药剂处理等。据有关资料报道,变温能改善种子萌发的通气条件,从而提高了细胞膜的透性,也有人认为,变温有利于某些激素形成而促进萌发。因此,变温可以提高种子萌发率。秋季播种实质也是一种自然变温种子处理方法,两种处理方法均比研究报道中用清水浸泡处理的种子发芽率仅为7.58%高出很多。

（三）同一品种不同种实调制方法播种出苗率和生长情况的研究

表8-3数据表明,不同种实调制方法,影响黑果腺肋花楸播种出苗率和生长发育。采用鲜果调制的种子比半干果调制种子播种出苗率低93.8%;苗木生长发育早2~6 d;鲜果调制的种子苗木平均高生长量和粗度生长量比半干果调制种子高7.4%和3.8%;两种种实调制方法对苗木主根长没有显著差异,采用鲜果调制的种子≥5 cm长度的侧根数比半干果调制种子高14.3%。

表8-3　"富康源1号"不同种子调制方法播种出苗率和生长情况

调制方法	播种时间	播种出苗率/%	不同时间发育情况（日/月）					不同时期平均生长量/cm						根系生长	
								6月15日		7月25日		10月20日			
			出苗时间	二层叶	三层叶	四层叶	五层叶	高生长	粗生长	高生长	粗生长	高生长	粗生长	平均主根长/cm	≥5 cm长度的侧根数/个
鲜果调制种子	2019年11月21日	16	23/3	2/4	15/4	31/4	19/5	11.0	0.35	21.0	0.44	29	0.55	13	16
半干果调制种	2019年11月21日	31	25/3	2/4	10/4	7/5	19/5	9.0	0.31	19.0	0.40	27	0.53	12	14

种实调制是对成熟的果实进行取种、净种、干燥等技术工序。种子成熟分为生理成熟和形态成熟,一般种子是生理成熟在先,形态成熟在后,也有生理后熟的种子。黑果腺肋花楸种实虽然表现出种子成熟形态(果实有绿变紫,果皮变

软,具有香味),此时种子是否完全发育成熟尚未见研究报道。鲜果含水量高,种皮不够坚硬致密,此时调制种子播种后易遭受土壤中微生物侵害,可能是造成发芽率比半干果调制种子低的原因。也可能是果实在自然状态水分散失过程中其内部化学物质发生变化,从而影响种子内物质发生量和质的变化,进而对播种出苗率产生较大影响,需要进一步进行研究。

(四)黑果腺肋花楸塑料大棚播种育苗效益调查分析

表 8-4 调查结果表明,"黑宝石"播种育苗投入产出比低于平均值,未能收回成本,可能与品种不适宜鲜果调制秋季播种育苗有关。"富康源 1 号"半干果调制秋季播种育苗效益最高,鲜果调制秋季播种育苗效益最低,但高于平均值。

表 8-4　黑果花楸塑料大棚播种育苗效益调查分析

| 品种 | 播种时间 | 调制方法 | 播种面积/m² | 播种量/kg | 播种出苗率/% | 出苗量/株 | 投入/元 | | | 产出/元 | 投入产出比 |
							合计	种子费用	劳务等费用		
富康源 1 号	秋播	鲜果调制种子	26.6	0.5	16	10 643	2 448	400	2 048	5 322	1∶2.2
	春播		92.4	1.4	35	65 683	8 512	1 120	7 392	32 842	1∶3.9
	秋播	半干果调制种	12.6	0.25	31	10 300	1 208	200	1 008	5 150	1∶4.3
黑宝石	秋播	鲜果调制种子	46.2	1.35	4.5	8 041	4 776	1 080	3 696	4 021	1∶0.8
合计			177.8	3.5		94 667	16 941	2 800	14 144	47 335	1∶2.8
平均值	单位面积/m²			0.02	20.3	532	175.3	95.3	80	266	1∶1.5
	单株						0.18	0.03	0.15	0.5	1∶2.8

注:种子价格 800 元/kg,育苗劳务费 80 元/m²,苗木价格 0.5 元/株。

从黑果腺肋花楸"富康源 1 号"播种育苗单株产出投入比较高,经济效益突出。从经济效益角度分析,在宁夏南部山区黑果腺肋花楸采用塑料大棚播种是可行的。

四、小结

黑果腺肋花楸不同品种种子播种育苗出苗率和生长情况不同，本试验中"富康源1号"播种出苗率和生长情况优于"黑宝石"。种子调制方法是影响黑果腺肋花楸播种育苗成活率关键因素，种子调制宜选择黑果腺肋花楸果实完全干燥或半干状态时调制。种子春播发芽率高于秋播，秋播苗木生长情况优于春播。"富康源1号"黑果腺肋花楸播种育苗经济效益突出。

第二节 塑料大棚嫩枝扦插育苗技术研究

一、研究地概况

研究地点位于宁夏固原市六盘山林业局良种苗木繁育中心苗圃，该苗圃地位于宁夏泾源县泾河源镇，坐标106°23′21″E，35°24′22″N，海拔1 780 m。该区域气候属于温带半湿润向半干旱过渡气候区，具有"春晚、夏短、秋早、冬长"的特点。年均气温5.8~6.5 ℃，最冷月平均气温–12 ℃，最热月平均气温23.5 ℃，≥10 ℃的积温1 846.6~2 090 ℃；年均日照时数2 100~2 400 h，年均日照百分率51%；无霜期90~130 d；年降水量650~676 mm，年均相对湿度69%。

二、试验材料与方法

（一）试验材料

"富康源1号"黑果腺肋花楸（*Aronia melanocarpa* 'Fukangyuan 1'）系蔷薇科（Rosaceae）腺肋花楸属（*Aronia*）植物，是辽宁省干旱研究所从我国引进新型的灌木浆果树种黑果腺肋花楸（*Aronia melanocarpa*（Michx.）Elliot）选育的良种。

（二）试验方法

试验设置为2种处理，处理1（插条剪掉顶端），处理2（保留顶端2叶1芽）；2个因素，不同扦插时间（7月中旬和下旬）和不同插条来源（一年生播种苗、多年生扦插和一年生扦插苗）。

　　在 7 月中旬至 7 月下旬,在黑果腺肋花楸新枝生长旺盛期,采集发育健壮、无病虫害当年萌发的半木质化枝条。采集在 7:00—9:00 进行,插条采集后喷雾保湿,在保湿状态下剪制插条。插条长 10~12 cm,下端剪成 45°斜口,处理 1 上端保留 1 对叶片和新芽,处理 2 上端剪成平口,每 30 个插条一捆,立即放入300 倍液的多菌灵溶液中浸泡消毒。扦插时将插条基部 2~3 cm 处用 1 000 mg/kg 吲哚丁酸+萘乙酸生根剂溶液速蘸 10~15 s,晾干后按株行距 5 cm×10 cm,将插条插入苗床,扦插深度 3~4 cm,上部留 7~8 cm。插穗扦插好后,立即喷一次水,使插穗与土壤基部紧密。为防太阳直晒,造成叶面失水脱落影响生根,在苗木生根的前 10 d 要加强大棚管理,塑料大棚要尽量少开通风口,采用透光率 50%遮阴网上双层的方法,使透光率变为 25%~30%,晴天每天早上9:00—18:00 盖遮阴网,早晚撤去,阴天不遮阴,天晴时每天 8:00、11:30、14:00、17:00 半喷水,每次喷水 1~2 min,始终保持基质湿润,大棚内湿度保持在 80%~95%,温度 25~35 ℃。10 d 后,插穗基部愈合,多数插穗已经逐渐开始生根,这段时间去掉一层遮阴网,增加光照,促进生根,温度降至 20~30 ℃,湿度在 60%~80%,温度过高时开始通风,喷水减至 1~2 次。平时要保持插床的清洁卫生,及时将杂草、落叶等清除掉。待根团形成后,逐渐将遮阴网去掉,温度控制在 25 ℃左右,相对湿度

表 8-5　黑果腺肋花楸嫩枝扦插育苗情况调查

插条来源	插条处理	扦插时间	扦插数量/条	根膨大时间	生根时间	生根数	生根率/%	≥5 cm 的 I 级侧根数	第二年新梢生长量/cm
一年生播种苗	处理 2	2020 年 7 月 14 日	120	7 月 30 日	8 月 6 日	77	64	4	18
		2020 年 7 月 25 日	180	7 月 31 日	8 月 4 日	133	74	8	20
	处理 1	2020 年 7 月 14 日	60	7 月 30 日	8 月 6 日	10	16	2	18
		2020 年 7 月 25 日	60	7 月 30 日	8 月 8 日	14	23	2	15
多年生扦插苗	处理 2	2021 年 7 月 14 日	60	7 月 21 日	7 月 30 日	45	75	4	
一年生扦插苗		2021 年 7 月 14 日	60	7 月 17 日	7 月 27 日	54	90	3	

控制在 60% 以下,同时,每隔两星期喷 3‰ 的磷酸二氢钾溶液进行叶面追肥,促进新根生长。

（三）项目测定

1. 生根率观测调查

于扦插后 5 d、10 d、15 d、20 d、25 d 每次随机抽取 3~5 株,分别调查扦插后根部膨大、生根时间。

2. 根系生长情况调查

扦插后 90 d 苗木停止生长后,以叶片不萎蔫为标准,随机抽取 3 组,每组 20 株,调查生根数量和 ≥5 cm 的 I 级侧根数。生根率=成活(生根)株数量/扦插总株数×100%。

3. 新梢生长量的调查

于翌年 10 月份苗木生长结束后,随机抽取 3 组,每组 20 株,测量新梢生长量。

（四）数据分析

采用 Excel 2010 对试验数据进行统计分析。

三、试验结果及分析

（一）插条处理方式对成活和生长量影响

表 8-5 结果表明,采用一年生播种苗枝条,插穗两种处理生根率和根系及枝条生长情况显著不同。在 7 月中旬和下旬扦插,保留插条顶端一芽两叶比剪掉顶端生根率分别高 300% 和 222%；≥5 cm 的 I 级侧根数分别高 2 倍和 4 倍；第二年新梢生长量 7 月中旬扦插的二者没有差别,下旬扦插的高 33.3%。

（二）扦插时间对成活和生长量影响

采用一年生播种苗枝条, 保留插条顶端一芽两叶,7 月下旬比中旬扦插,生根率和 ≥5 cm 的 I 级侧根数分别高 16% 和 2 倍；第二年新梢平均生长量长 2 cm。剪掉插条顶端,7 月下旬比中旬扦插,生根率略高 4%,≥5 cm 的 I 级侧根数没有差别;第二年新梢生长量低 16.7%。

（三）插穗来源对成活及生长量影响

选择 3 种来源的插条，采取保留插穗顶端一芽两叶，在 7 月中旬扦插，不同插穗来源相同处理（保留插条顶端一芽两叶）生根率与生根时间有明显差别。一年生移植苗扦插生根率最高达到 90%，其次是多年生扦插苗生根率居中达到 75%，一年生播种苗生根率最低只有 64%。一年生扦插苗根部膨大分别比多年生扦插苗和一年生播种苗早 4 d 和 13 d；生根时间早 3 d 和 10 d。多年生扦插苗根部膨大和生根时间分别比一年生播种苗早 9 d 和 7 d。≥5 cm 的 I 级侧根数没有差别。

四、结论与讨论

（一）结论

试验结果表明，在采用相同基质、生长素处理方法相同和同一规格的插穗，影响生根率高低因素依次为插条来源、插穗处理方式、扦插时间。插穗保留顶端一芽两叶成活率比剪掉顶端高 2~5 倍，≥5 cm 的 I 级侧根数高 2~5 倍；7 月下旬扦插的成活率比上中旬高 4%~16%；来源于扦插苗的成活率比播种苗高 17%~41%，一年生扦插苗成活率比多年生高 20%。

综合分析，宁夏泾源县黑果腺肋花楸嫩枝扦插宜采用一年生扦插苗或采穗圃从根部萌发的当年生枝条，制作插穗时保留枝条顶端一芽两叶，扦插时间在新梢生长旺盛时期，一般在 7 月 10 日—8 月 10 日。

（二）讨论

本试验仅对影响嫩枝生根率的插条来源、插穗处理方式、扦插时间进行了试验，未对其他影响因素进行试验，下一步需要对扦插基质和影响生根的化学物质进行探索。

第三节　大田苗木繁育技术

一、播种育苗

宁夏南部山区海拔高,积温低,无霜期短,播种育苗宜采用日光温室或塑料大棚播种育苗。

(一)果实采收和保管

黑果腺肋花楸的果实由红色转变成黑色之后立即采集果实,将其装在果筐中放在室外自然阴干,待到处理种子前进行调制。

(二)种子调制

调制时将果实揉碎,并用清水冲洗,去掉果皮及果肉,淘出种子。将淘出种子晾干,除去种子上附着的黏性物质(假种皮)后,放置冰箱中冷藏待用。

(三)种子处理

秋季育苗:将调制好的种子用清水浸泡 5~7 d,每天换水 1 次。待种子充分吸水后,将种子捞出沥干,用浓度 0.5%的高锰酸钾溶液浸泡 1 h 后,直接播种在育苗床上。

春季育苗:将消毒后的种子以种子和河沙按体积比 1∶3 比例充分混合,河沙湿度以捏紧成团,落地散开为宜。在室内自然温度下堆放,每 2 d 翻动 1 次,待室外温度稳定在 0 ℃以下,将处理的种子移至室外自然冷冻,翌年 3 月初放入室内,转入冷湿处理,温度保持在 5~10 ℃,每 2~3 d 翻动种沙 1 次,当 2/3 种子露白(开始发芽)时进行播种。播种前将种子取出,用多菌灵配成 1%浓度的水溶液拌种消毒,再进行播种。

(四)整地做床

育苗地宜选在质地疏松、排水良好、土层深厚肥沃的轻壤土上,以中性或微酸性土壤为宜。整地前按照肥料使用技术每亩施入磷肥 50 kg、复合肥 20~30 kg、硫酸亚铁 8~10 kg,将辛硫磷和杀菌剂混合洒在床面,然后对育苗地进行深翻,然后再整地,整地要细致,发现虫害要拣出,并及时处理掉,苗床的高 0.3 m,长、宽根据棚的大小来定,做好床后用钉耙搂净苗床里的杂草、石块。播前床面每平方米喷 1%浓度多菌灵水溶液 100 mL 消毒,并洒水浇透。

(五)播种育苗

秋季播种。选择在 10 月底至 11 月底土壤封冻前,开沟条播,播幅 8 cm,间隔 10 cm。播后用过筛育苗基质覆盖,厚度 0.5 cm,以不见种子为宜,播种后立即浇透水。

春季播种。在 3 月中下旬,沙藏的种子已经 2/3 种子露白,土壤化冻后进行播种。播种前将种子取出,用多菌灵拌种消毒,再进行播种。采用条播的方法进行,播幅 8 cm,间隔 10 cm,播后立即覆土,覆土厚度以 0.5 cm 为宜,播后立即浇透水,然后棚上方覆盖遮阴网。

(六)苗期管理

幼苗出土前,每天早晚各喷水 1 次,保持床面湿润。70%幼苗出土后,在雨天或阴天时可撤除遮阴网;晴天时要注意遮阴,视土壤墒情和天气情况,每隔 3~5 d 喷水一次。从播种到幼苗期,苗木生长较慢,抗性差,为防止病害感染,每 7~10 d 喷洒 1 次多菌灵或代森锌,交替进行。浇透水以后及时清除杂草,防止将幼苗带出。

苗木进入速生期后,杂草较多,要及时清除,并随后追肥,采取少量多次的原则,选择灌水后进行追施。进入 8 月,减少浇水次数,停止追肥,促使苗木尽快木质化,以便增强越冬能力。在此期间要随时注意观察病虫危害,随时发现随时防治。

(七)越冬管理

11 月中旬,灌足越冬水。做好鼠兔和其他动物啃食的防治工作。

二、黑果腺肋花楸嫩枝扦插育苗

(一)配制基质

基质采用蛭石和珍珠岩按照 1∶1 混拌,加少量缓释肥,混合均匀,并用每立方米用 300 g 多菌灵配制的水溶液进行消毒。

（二）做育苗床

在日光温室或塑料大棚内制作宽 100~120 cm，床间宽 40~50 cm，高 10 cm，先铺漏光率 75% 的遮阴网，在其上铺 15 cm 的基质，扦插的前 3 d 用 0.5% 的高锰酸钾对插床消毒，待用。

（三）采集穗条

7 月中旬至 7 月下旬，选择发育健壮、无病虫害的 1 年生苗或采穗圃 2~3 年生母树从根部萌蘖的当年生枝条。采条一般是在 7：00—9：00 进行，采后立即进行制穗，并且随采随插。不能立即扦插的，要放置在无风、背阴处，并经常喷水，以保持湿润。

（四）制作插穗

在阴凉处将穗条剪成 10~12 cm 长的插穗，每个插穗含 2~4 个芽节，保留顶端 2 片叶片和顶芽，下剪口距下叶腋 0.5~1.0 cm 处呈 45° 斜剪口，剪口须平滑。插穗用剪刀对保留的叶片进行修剪，叶片保留不超过叶面的 2/3。剪好的插穗，立即放入 300 倍液的多菌灵溶液中消毒。扦插将插穗基部对齐每 50 根一捆，将插穗基部 2~3 cm 处用 1 000 mg/kg 吲哚丁酸+萘乙酸生根剂溶液速蘸 10~15 s，晾干即可扦插。

（五）扦插

扦插时先用水淋湿床面，处理后的插穗按照株行距 5 cm × 10 cm，将插条插入苗床，扦插深度 3~4 cm，上部留 7~8 cm。插穗扦插好后，立即喷一次水，使插穗与土壤基部紧密。对扦插苗喷 800 倍多菌灵药液消毒灭菌，以后每隔 7 d 左右，在傍晚停止喷雾后进行喷药 1 次。

（六）苗期管理

为防太阳直晒，造成叶面失水脱落影响生根，在苗木生根的前 10 d 要加强大棚管理，塑料大棚要尽量少开通风口，采用透光率 50% 遮阴网上双层的方法，使透光率变为 25%~30%，晴天每天 9：00—18：00 盖遮阴网，早晚撤去，天阴不遮阴,天晴时每天 8:00、11:30、14:00、17:30 喷水,每次喷水 1~2 min,始终保持基质湿润,大棚内湿度保持在 80%~95%,温度 25~35 ℃。

10 d 后,插穗基部愈合,多数插穗已经逐渐开始生根,这段时间去掉一层遮阴网,增加光照,促进生根,温度降至 20~30 ℃,湿度在 60%~80%,温度过高时开始通风,喷水减至 1~2 次。平时要保持插床的清洁卫生,及时将杂草、落叶等清除掉。待根团形成后,逐渐将遮阴网去掉,温度控制在 25 ℃左右,相对湿度控制在 60%以下。同时,每隔两星期喷 3‰的磷酸二氢钾溶液进行叶面追肥,促进新根生长。

(七)病虫害防治

插床全部插齐后,全部喷洒 500~800 倍多菌灵或退菌特药液进行灭菌,用量为 1 000 mL/m²。以后每隔 7 d 喷药 1 次,发现有染病的穗材,应立即清除烧毁,并对其周围进行灭菌处理,如发现有地下害虫或蚜虫,及早用甲拌磷或甲胺磷进行处理,防止虫害蔓延。

(八)越冬管理

在 11 月中下旬根据天气情况,在封冻的前几天,对扦插苗浇 1 次透水,在扦插苗的床面上洒防鼠药,然后进行覆膜或覆草帘,用砖压好保证苗木顺利越冬。

三、移植育苗

黑果腺肋花楸当年播种苗或嫩枝扦插苗,达不到造林需求,需要进行移植培育 1~2 a 才能出圃造林。

(一)苗圃地选择

选择交通便利,灌排通畅,土壤有机质含量较高,地势平坦或缓坡地,四周有防风林的地块。

(二)整地施肥

整地应移植前一年秋季进行,采取全面整地的方式,深度 25~30 cm,要求耙平,土碎,全面清除草根、石块,结合整地每 667 m² 施入腐熟好的有机肥 3 000 kg,

以改善土壤理化性质,增加土壤养分。

(三)苗木准备

在 4 月中下旬,当土壤解冻深度≥18 cm 开始起苗,选择根系发育好、无病虫害、生长健壮的一年生播种苗或扦插苗。将苗木按地径分为粗、中、细三级,修剪苗木根系,保留 3 条以上≥5 cm 的 Ⅰ 级侧根,根幅控制在 10~12 cm,尽快定植,未能及时定植的苗木要进行假植。

(四)苗木定植

采用穴栽,栽植穴规格 20 cm × 20 cm × 20 cm,每穴 1 株。株行距 20 cm × 30 cm,亩栽 11 000 株。栽正、踩实、不露根、不窝根,深度一般超过原根径 1 cm,栽后浇透水。

(五)苗期管理

1. 施肥灌水

第一年苗木长出新叶 3~4 片,开沟追施复合肥 10~15 kg/667 m²,第二年追施复合肥 20~30 kg/667 m²。根据生长状况、土壤湿度及天气情况灵活掌握,一年浇水 2~3 次。

2. 中耕除草

中耕一般结合除草进行,应坚持"除早、除小、除了"的方针,深度以不伤苗木根系为度,株间宜浅,行间宜深。

3. 平茬修枝

苗木定植后平茬,保留 10~15 cm 主干萌发侧枝。第二年剪除匍匐在地面的枝条和瘦弱的枝条,保留健壮枝条 3~5 个。

4. 病虫害防治

做好蚜虫、金龟子和鼠害防治。

5. 防寒越冬

在封冻前,灌足越冬水。做好防寒防鼠害和防火工作。

（六）苗木出圃

移植后 2 年后,苗木高度≥30 cm、粗度≥0.3 cm、3 个分枝以上,即可出圃造林。根据造林时间可以春秋季出圃,出圃时按照苗木粗度进行分级包装。

第四节　栽培技术

一、建园技术

（一）适宜种植区域

黑果腺肋花楸耐寒耐旱,喜光,喜酸性、耐微碱性土壤。在年降水量≥400 mm,无霜期 125~180 d,年均气温≥5 ℃,活动积温≥2 300 ℃,极限低温≥-35 ℃,年日照时数≥2 300 h,土壤 pH≤8.5,水溶性盐含量≤3.1 g/kg 的地区适宜栽植。在年降水量≤350 mm 或 pH>8.0 的区域不宜种植。

（二）园地选择

建园宜选择交通便利,灌排配套,土地平坦,土壤及周边大气、水源无严重污染,远离工厂。适栽土壤类型为壤土、砂壤土,土壤全盐含量≤3.1 g/kg,pH 在6.5~8.5。在山区种植宜选择阳坡、半阳坡,坡度≤15°,土层厚度≥30 cm,砂砾含量≤10%,地下水位≤1.5 m,雨季地表积水时间≤36 h,排水良好,无建筑物及高大树木遮阴,道路配套。

（三）品种选择

选用经辽宁省审定的良种"富康源 1 号"品种。该品种结果早、株状矮、产量高、品质优、是目前全国推广面积最大的优良品种。该品种是宁夏引进备案良种,品种经济性、生态学特性稳定,与引种地基本一致,具有抗旱耐寒、耐水湿、耐盐碱等特性,病虫害少,发芽早、花期迟、成熟快、落叶晚,适应性强,能够适应宁夏自然条件,适宜在宁夏南部山区种植。

（四）苗木选择

采用无病虫害和机械损伤且检疫合格,苗龄 3 a 以上,至少有 3~4 个分枝的良种苗木建园。依据苗木规格、质量划分建园苗木级别,建园苗木质量标准具体见表 8-6。

表 8-6　建园苗木质量标准

苗木质量分级	苗龄/a	高度/cm	基部主要分枝数/条	地径/cm	根系
Ⅰ	3 a 以上	40~60	≥4	≥0.6	根长≥20 cm、≥5 cm 长的侧根≥4 条以上
Ⅱ	3 a 以上	30~40	≥3	≥0.3	根长≥15 cm、≥5 cm 长的侧根≥3 条以上

(五)整地技术

1. 整地时间

年降水量在 400~600 mm,秋季整地蓄墒;年降水量≥600 mm 秋季或春季整地。

秋季栽植,整地宜在 10 月 1—30 日,春季栽植整地宜在 3 月 20 日—4 月 20 日。也可以秋季整地翌年春季栽植。

2. 整地方法

平地或坡度≤10°的坡地采用全面整地,机械深犁 40~50 cm;坡度在 10°~15°坡地,采用漏斗状方格整地,规格为(长宽深)60 cm × 60 cm × 40 cm。

(六)栽植技术

1. 栽植时期

春季栽植时间宜在苗木发芽前,一般在 4 月 10 日—5 月 10 日;秋季栽植时间宜在苗木停止生长后,一般在 10 月 20 日—11 月 20 日。秋季整地,春季返浆期栽植效果最佳,也可以雨季容器苗栽植。

2. 栽植密度

常规栽培:采用株行距 1.0 m × 1.5 m 或 0.8 m × 2.5 m 两种不同的栽植密度。

早期密植丰产栽培:采用株行距 0.8 m × 1.0 m 或 0.6 m × 1.5 m。定植 3 年后,树体逐渐郁闭,株间、行间分别移出 1 株,株行距调整为目标密度 1.6 m ×

2.0 m 或 1.2 m × 3.0 m。

3. 苗木处理

栽植前对苗木根系进行修剪和处理,保留根长 15~20 cm,将有损伤的根系剪除,保留完整新鲜根系。在根系末端剪掉 1 cm 左右,露出新切口,利于生根缓苗。为了提高造林成活率,清水浸泡 12~24 h,也可以采用生根粉 ABT1 号 2 000 倍液、ABT2 号 2 000 倍液、国光生根粉 1 000 倍液、根宝 800 倍液速蘸 2~3 s。

4. 栽植方法

根据年降水量确定栽植方法。年降水量≤500 mm 的地区采用开沟种植,将苗木栽在沟或穴的中心位置,略低于周围地表 10~20 cm,留直径 30~40 cm 的灌水穴,便于灌水和储存雨水。年降水量 500~600 mm 的地区采取平地栽植,将苗木栽在沟或穴的中心位置,略低于周围地表 2~3 cm,不留灌水穴。年降水量≥600 mm 的地区采取垅状栽植即苗木栽在垄背上,防止积水,并开沟排水。

栽植时采用株间“品”字形配置,按照“三埋两踩一提”,即覆土、提苗、踩实,再覆土、再踩实,埋土至离原地面 2~3 cm 距离即可。

二、栽培管理技术

要做好施肥、灌水、控草、土壤酸碱度调节、整形修剪和病虫害防治等 6 个方面的工作。

(一)配方均衡施肥

均衡施肥要肥料含有多种营养元素,施肥时还要考虑到不同土壤和树龄、不同的发育时期对养分的需求不同等特点,要全素、全生长期地均衡施肥。

1. 配方施肥原则及配比

有机肥(农家肥或商品有机肥)与化肥配合、基肥与追肥配合、根部施肥与叶面追肥配合、短效肥与长效肥配合等原则。

化学肥料最佳施肥配比为 N:P_2O_5:K_2O=1:2:0.5,土壤有机质含量高于 1%的土壤上减半使用氮肥,增施磷肥能够显著增加产量。

2. 肥料品种

有机肥以农家肥（牛、羊、鸡等）为主，商品有机肥（动物粪便、动植物残体等富含有机质的副产品经发酵腐熟后制成的无病菌和重金属含量不超标的有机肥）为辅。化肥包括磷酸二铵、尿素、硫酸钾等。叶面肥包括腐殖酸类水溶性肥料、磷酸二氢钾以及硫酸亚铁。

3. 施肥时间

基肥：秋季 10 月底至次年 3 月底。

根部追肥：春季 4 月下旬至 5 月上旬，（新梢生长至幼果膨大期）施氮磷复合肥或混合肥，增加叶片叶绿素，促进新枝生长和花芽分化、提高坐果率，促进幼果膨大，增加产量。夏季 7 月中旬至 8 月（幼果膨大期至浆果着色期）施磷钾复合肥或混合肥。

叶面肥：根据树木生长情况，在生长季随时可以施用。

4. 施肥量

施肥量要根据土壤养分状况和结果需肥量（以树龄估算）确定。农家肥每亩 2 500~5 000 kg，商品有机肥 150~300 kg。化肥配方施用，尿素∶二胺∶硫酸钾= 1∶3∶1，具体施肥量见表 8-7。

表8-7　不同土壤和树龄施肥量

耕地等级	施用次数	（尿素、二胺、硫酸钾）施肥量/(kg·株$^{-1}$·a^{-1})			
		定植 2 年	定植 3 年	定植 4 年	定植 5 年以上
一、二、三	1	0.032、0.064、0.032	0.06、0.18、0.06	0.12、0.36、0.12	0.2、0.6、0.02
四、五	2	0.04、0.12、0.04	0.1、0.2、0.1	0.2、0.6、0.2	0.3、0.9、0.3

5. 施肥方法

基肥：开沟或结合秋季灭草茬旋耕，深度 15~20 cm。

追肥：环状沟施肥或对称两点施肥。一、二、三等级耕地，4 月一次性施入，环状沟施肥。四、五等级耕地，4 月和 7 月两次施入，对称两点施肥，第一次施肥量占年度施肥量的 60%。施肥沟(穴)位于树体投影外缘,深 15~20 cm。

叶面追肥:①苗木生长势弱时可以喷施以腐殖酸、微量元素和生根剂为成分组成的水溶性肥料壮苗。喷施浓度依肥料浓度而定,喷施次数不超过 3 次,间隔 7~15 d/次。这种方法苗木缓解生长势见效快,但肥效期短。要想切实改变苗木因为肥力供给不足引起的生长问题,需要施用有机肥和化肥。②喷施磷酸二氢钾。时间 7—8 月,浓度 2 000 mg/kg,喷施 3~5 次,间隔 7 d,可以有效调节树体营养平衡,促进新生枝条由营养生长向生殖生长转化,防止枝条徒长,促进花芽形成,防止落果,促进枝条木质化,防止新生枝条冻害的发生。③喷施硫酸亚铁。不同树龄出现叶片黄化症状时,均可以通过喷施浓度 2 000 mg/kg 的硫酸亚铁溶液逐步改善叶片黄化的症状,连续喷施可以使叶片完全恢复绿色,间隔 7 d/次,连续喷 4~5 次。

(二)松土除草

行间杂草高度达到 15~20 cm 时,机械多次旋耕铲蹚,深度 10~20 cm;株间人工方法除草,2~3 次/年,可以取得除草与疏松土壤的双重效果。

(三)灌水排涝

年降水量≥600 mm 的区域种植,无须灌水;500~600 mm 的区域种植,要种植后灌定根水 1 次,采取覆盖地膜等保墒措施;400~500 mm 的区域种植至少灌溉 4~5 次水。在降水量大或地势低洼的种植区域,在连续降雨后,要注意田间排水,不要长时间积水。

(四)整形修剪

整形修剪的目的是控制高度,扩大冠幅,增加结果枝条,改善树堂内光照,增强树势,减少病虫害,更新复壮。

树形采用丛状树形。黑果腺肋花楸树体呈自然球形,没有中心干,从地面直接抽生主枝,主枝上直接着生结果枝组结果。丛状形主枝数量科学,果实负载能力强,树体不易衰老,结果年限长,主枝更新方便。这种树形的优点是幼树修剪轻、成形快、树冠大、结果早、产量高、抗风力强;缺点是因主枝较多且直立,若控制不当则先端生长旺盛,树冠密集,下部易光秃,结果部位外移。应用丛状整形修剪,主枝宜 40°~60°向上斜伸,每一主枝上留侧枝三四个,按 70°向外侧延伸。

修剪应本着"轻剪为主、轻重结合、因树制宜"的原则进行。按季节分为 2 次,即春剪和夏剪。春剪一般在 3 月中旬至 4 月上旬,要在树液流动之后进行,修剪过早容易造成树体抽条。剪口须涂漆或蜡等保护剂,避免出现枯桩或者剪口枝抽条,防止病虫侵袭。夏剪一般在 6 月下旬至 7 月初。

1. 幼树期修剪

黑果腺肋花楸结果早,幼树期修剪要轻剪缓放,适当运用短截方法,以尽快增加中短果枝数量,提早进入结果丰产期。黑果腺肋花楸成枝力较强,且易生根蘖枝,幼树期可以少量保留基部萌蘖枝,利用萌蘖枝达到制造足够光合产物的目的,兼顾树势的培养,防止因生殖生长影响营养生长。幼树期枝条生长势强,枝条角度小,要轻剪缓放,使枝条生长势缓和,增大开张角度,改善树体通风透光条件。

2. 成龄树修剪

成龄树修剪主要是保证中庸树势,达到高产的目的。修剪要按照"少短截、多疏除、去密留疏、去弱留强、主枝均衡分布"的原则操作。根据树体发育情况保留健壮主枝 15~20 条。疏除衰弱枝、干枯枝、无用的徒长枝、基部当年萌发的无用根蘖枝、过密的交叉枝和重叠枝、过密的辅养枝及外围与相邻植株搭接的发育枝。黑果腺肋花楸芽为混合芽,花为两性花。结果母枝多由停止生长早、发育充实、较短的健壮发育枝及其二次枝形成,第二年结果母枝的顶芽和腋芽抽生结果枝开花结果。黑果腺肋花楸的果台副梢当年不易结果,但来年可形成花芽结果,由于果台副梢的逐年分枝,形成短果枝组,在修剪中要注意保留果台腋芽和果台副梢,提高产量。结果枝老化后要回缩更新。

3. 老树复壮修剪

树龄 15 年以上,主枝发枝力降低,通过老枝回缩进行更新。为兼顾产量,可分 2~3 a 完成。修剪时保留 6 年生以下健壮主枝。尽量保留 3~4 a 生以内的结果枝。及时采取局部更新的修剪措施,抑前促后,减少外围新梢,改善丛内光照,利用丛内长枝更新;在树势衰弱较重时,可回缩枝条的 2/3,促使基部萌发,更新主枝。

三、病虫害防治

(一)防治原则

遵循"综合防治、绿色防治"原则。结合各虫害发生规律,采取多种虫害联合防治措施。一般使用低毒高效农药(拟除虫菊酯类)在 5 月上旬、6 月上旬、7 月上旬对食心虫、蚜虫、刺蛾等害虫各防治一次,达到多种虫害合并防治的目的。同时,根据其他虫害发生的特点也可以采用灯光诱杀、悬挂除虫板和性诱捕剂、破卵、振荡与焚烧等不同的防治方法。锈病、叶黄化病和斑点落叶病,早发现早防治,在初期及时喷药。

(二)主要虫害及防治方法

目前,宁夏泾源县虫鼠害相对较少,未发现病害,在泾源县种植基地仅发现有部分种植区域有华北大黑鳃金龟、绣线菊蚜和甘肃鼢鼠的危害,当地的森防部门要加强监测,及时发现及时防治。如果虫口密度不高时,通过自然调控可以控制在阈值以内的,不建议化学防治。主要虫害的防治方法如下:

1. 华北大黑鳃金龟(*Holotrichia oblita* Faldermann)

(1)发生和危害。以成虫为害。该虫上午和夜间在土中潜伏,15:00 以后,暴食苗木幼嫩部分,严重的把刚萌生的幼嫩叶片全部取食掉。

(2)防治方法

①人工振落捕杀成虫。成虫发生初期,用废报纸或塑料薄膜做成筒状或袋状,套在枝梢上,阻隔成虫为害。

②保护和利用天敌昆虫蜘蛛防治。

③保护和利用捕食性鸟类:红脚隼、大斑啄木鸟、灰喜鹊、红尾伯劳。

④利用昆虫病原细菌:金龟子乳状病芽孢杆菌防治。

⑤化学防治:一是根据其生活习性,采取诱饵诱杀防治法,把幼嫩的杨树枝条浸蘸 2.5%溴氰菊酯乳油 2 500 倍液或 20%杀灭菊酯 2 000 倍液,撒放于植株旁边,连续防治 1 周,待树体叶片发育成熟,周围其他绿色植物亦已萌发,金龟子便不再造成危害。二是在圃地四周喷洒数十米宽的隔离带,阻隔成虫入园危害。三是采用杀螟杆菌、松毛虫杆菌或青虫菌稀释菌液中加 4.5%溴氰菊酯乳油 2 000 倍液均可。

2. 绣线菊蚜(*Aphis citricola* Vander coof)

(1)发生和危害。危害期可从 4 月中旬持续到 8 月份,4 月中旬大发生,主要危害期 4—6 月份,以成虫和若虫群集为害新梢、嫩芽和嫩叶。严重时新梢和嫩叶背面满布蚜虫,叶片皱缩不平,影响光合作用。该虫喜高温高湿的环境,早春气温回升早,多雨的年份易发生。特别是生长旺盛的枝梢,或病弱苗的幼嫩枝梢易被危害。

(2)防治方法

①保护和利用瓢虫、食蚜蝇、寄生蜂、食蚜瘿蚊、草蛉等。

②悬挂黄色除虫板、黑光灯、糖醋酒液进行诱杀。

③用 10%吡虫啉乳油 4 000 倍液或 5%吡虫啉乳油 2 000 倍液喷雾防治。

3. 甘肃鼢鼠(*Myospalax cansus* Lyon)

(1)生活习性。甘肃鼢鼠主要栖息于高原与山地的森林、灌丛、草甸和农田。其分布范围达海拔 1 000~3 900 m。喜生活在土质松软、深厚的地带。多石砾、排水不良及密林中数量极少。杂食性,以植物根茎和茎叶为主,几乎各种农作物都吃。据统计,被害的种类有苜蓿、小麦、马铃薯、豆类、甘薯、花生、胡萝卜、青稞、玉米、棉花幼苗、大葱及牧草等。觅食时咬断根系,或将整株植物拖入洞中,造成缺苗断垄。夏季主要采食植物的绿色部分,冬、春季节喜食种子和块根、块茎。洞穴仓库中储存的越冬食物以粮食或块根、块茎为主。昼夜活动,觅食以白天为主,夜间偶尔到地面上来。不冬眠,但不完全靠仓库存储生活,仍需补充新鲜食物。

（2）防治措施

营林措施：栽植前全面整地，破坏鼢鼠生境；间种黄花菜等鼢鼠厌食性植物；在种植地四周挖 80 cm 深的沟阻止鼢鼠进入。

物理措施：① 用鼠铗夹捕法，探找并切开洞道，用小铁铲挖一略低于洞道底部且大小与踩夹相似的小坑，放置鼠夹，并在踩板上撒上虚土，最后将暴露口用草皮或松土封盖，不使透风。② 用弓箭法和地箭射杀，探找并掘开洞道，在靠近洞口处将洞顶上部土层削薄，插入利箭，设置触发机关捕杀。③ 植物诱捕集中杀灭，在鼢鼠活动频繁的幼林地种植具有芳香气味、鼢鼠喜食的党参、大葱、土豆等植物，引诱鼢鼠集中到同一地块，用弓箭、鼠铗进行人工捕杀或投放毒饵集中杀灭。

化学防治措施：由于鼢鼠的食物来源较少，且洞道长，应以地弓、地箭为主，辅以药剂防治。冬、春季采用无公害化学药物防治，采用溴敌隆毒饵进行防治。

生物防治措施：① 天敌控制。采取利用（哺乳类动物鼬、狐等，鸟类鹰、鹞等和爬行类的蛇等）保护、招引、投放等方式。② 生物农药防治。选择由害鼠的病原微生物，或由微生物、植物等产生的具有杀灭作用的天然活性物质研制成的杀鼠剂，制成毒饵灭鼠。

4. 中华鼢鼠（*Myospalax fontanieri*）

（1）生活习性。中华鼢鼠终年营地下生活，喜欢在地下挖掘长而复杂的隧洞，在洞里居住和取食，很少到地面上来。它们掘洞掘得很快，善于用强大的前脚挖土，同时用宽阔平扁的头将土压紧或将挖下的泥土推出洞外。在地面上形成一个个直径 30 cm，高 15~16 cm 的小土丘，这是中华鼢鼠居住地的一种标志，可以根据这些小土丘来判断中华鼢鼠的所在。中华鼢鼠不冬眠，昼夜活动，由于它终年营地下生活，掌握它的过冬规律十分困难，只能根据地面上痕迹和封洞的习性判断。一般每年有两次活动高峰，春季 4—5 月，觅食活动加强，6—8 月，天气炎热，活动减少。秋季 9—10 月作物成熟，开始盗运贮粮，活动又趋向频繁，出现第二次活动高峰。所以在春、秋两季地面上新土堆增多。冬季在老窝内贮粮,很少活动。据封洞和捕获时间分析,一天之内早晚活动最多,雨后更为活跃。中华鼢鼠以植物地下茎和块根等为食。有时它们也钻出洞外找寻食物,但都是在天亮之前,它特别喜欢吃番薯、马铃薯、胡萝卜和豆类等。在它们的洞里常常贮存有大量的食物,如豆类、番薯、新鲜的苜蓿、飞蓬和其他草本植物。

（2）防治措施。防治措施同甘肃鼢鼠。

四、果实采收与贮存技术

（一）采收

当果实表面完全转变为紫黑色,20 d 后进行采收,这时花青素含量最高。小面积采用人工采摘,采摘时不带果柄,剔除裂果、干缩果、落地果和杂物;大面积种植可以采用专业机械采收。

（二）包装

装果容器采用透气方形食品级材质塑料箱,容器表面光滑,容量一般 10~15 kg。

（三）贮存

鲜果短时间（7 d）贮存可放入室温 5~10 ℃、具备通风避光条件的室内;长时间（14 d）贮存,包装箱内衬食品保鲜膜（PE 或 PVDC）,放入冷藏保鲜或气调保鲜库贮藏保鲜,贮藏温度 0~5 ℃。长期保存（180 d）可在-15~-20 ℃冷库条件下贮存。

（四）果实质量标准

果实根据百果重、果汁糖浓度、杂质含量与果实外观的不同分为 4 级,具体见表 8-8。果实农药残留 参照《食品安全国家标准》食品中农药最大残留限量中"浆果或其他小型水果"的规定。

表 8-8　黑果腺肋花楸果实质量标准

质量等级	百果重	果汁总糖度/°Brix	杂质/%	果实外观
特级	≥140	≥20	0.05	果面清洁,无病斑、无破损、无霉斑
一级	120~140	18~20	0.10	果面清洁,果粒大小一致、颜色一致,无病斑、无破损、无霉斑
二级	100~120	16~18	0.50	果面清洁,果粒大小和颜色差别不大,无病斑、无破损、无霉斑
三级	80~100	14~16	1.00	果面清洁,果粒大小和颜色有肉眼可分辨的差别,无病斑、无破损、无霉斑

数据来源:姜镇荣,韩文忠.辽宁省产区黑果腺肋花楸栽培技术[J].辽宁林业科技,2017。

第九章 泾源县引种黑果腺肋花楸主要物候期农业气象指标确立与应用研究

物候是指动植物受环境(气候、水文、土壤)影响而出现的以年为周期的自然现象,植物物候是植物发育(如萌芽、展叶、开花、结果、落叶)的季节性发生规律。这种植物发芽、生长、现蕾、开花、结实、果实成熟、落叶休眠等每个生长发育阶段,称为物候阶段或物候期。气候因素如最低气温、日平均气温、极端高温、积温、日照时数、降水量等多种气象因子对植物物候和物候期长短产生影响,尤其是春季、秋季物候期影响更为显著。目前,国内外针对黑果腺肋花楸生长关键物候期气象指标尚未进行研究,也未见开展相关专门的气象服务。进行黑果腺肋花楸生长关键发育期气象指标建立与应用研究,探讨物候与气象因子关系,建立黑果腺肋花楸物候期气象指标,为种植者提供专门的气象服务,科学地指导黑果腺肋花楸栽培周年管理活动,对提高种植效益,增加收益,推动黑果腺肋花楸产业发展具有重要意义。

第一节 研究内容与方法

一、研究地概况

研究地设在宁夏泾源县大湾乡、兴盛乡和泾河源镇。宁夏泾源县位于宁夏最南端,因泾河发源于此而得名。地处六盘山东麓,地理位置介于东经 106°12′~106°29′、北纬 35°15′~35°38′。东与甘肃省平凉市崆峒区相连,南与甘肃省华亭县、庄浪县接壤,西与隆德县毗邻,北与原州区、彭阳县交界,素有"秦风咽喉,关陇要地"之称。辖4乡3镇。南北长41.5 km,东西宽27.3 km,总面积1 131 km²,其中,林地面积61.7万亩,有林地面积45.2万亩。林地覆盖率48.9%,天然分布着13科788种林木资源。据调查,泾源县种植黑果腺肋花楸的面积达2万余亩。

宁夏泾源县具有大陆性气候特点。全国气候区划中将其划分为暖温带半湿润至半干旱气候区,但由于六盘山的抬升作用,其气候明显不同于周边地区,热量条件并不属于暖温带气候,而应划为中温带气候区,干湿状况又属于湿润至半湿润区,是黄土高原上的一个"绿岛"。该区年平均气温6.5 ℃,历年极端最高气温32.6 ℃,出现在1997年7月21日,极端最低气温−27.4 ℃,出现在1991年12月27日,年日照时数2 270.7 h,无霜期161 d,年降水量为663.0 mm。土壤灰褐土,厚度30~80 cm,有机质含量2%左右。宁夏泾源县群山环绕,众水交汇,空气湿润,发展林业有着得天独厚的气候条件。境内从西北向东南拨海高度差在1 600 m以上,所以境内气候具有明显垂直分布特征,自西北到东南随着拨海高度的降低,平均气温逐渐升高。

二、研究材料和方法

(一)研究材料和设备

"富康源1号"黑果腺肋花楸(Aronia melanocarpa 'Fu kang yuan 1')系蔷薇科(Rosaceae)腺肋花楸属(Aronia)落叶灌木,是辽宁省干旱研究所从国外引进选育的良种。该品种树形中庸,株高150~200 cm,主枝横向伸展性好,抗逆性强,果粒大,果穗密集粒数多,品质优,产量高,适栽范围广,果实成熟期一致,是目前在全国推广栽培面积最大范围最广的品种。在pH 5.5~7.5,年降水量>500 mm,无霜期125~200 d、低温−35 ℃条件下均可正常生长发育。主要作为经济林树种,果实品质优良,富含花青素、黄酮、多酚等抗氧化剂物质。加工特性好,2018年通过了国家卫健委新食品原料安全性审查,是食品、药品、保健品等加工原料。

气象要素观测设备采用型号 CAWS100 的自动气象站。

（二）研究方法

1. 设立定点观测点对黑果花楸物候期进行观测记录

在宁夏泾源县境内具有气象 6 要素气象观测站，选择兴盛乡上金村、大湾乡董庄村、泾河源镇底沟村 3 个黑果腺肋花楸种植规模集中的村作为物候期观测点。将萌动展叶期、开花期、果实生长期、果实成熟期、果实采摘期、落叶休眠期作为黑果腺肋花楸主要物候期，每天定人定时观测，记录起始和结束日期。将叶芽萌动到叶片脱落作为全生育期。

2. 黑果腺肋花楸主要物候期气象因子观测

采用型号 CAWS100 的自动气象站，自动检测气温、降水量，分别统计 3 个观测点 2019—2021 年黑果腺肋花楸各生长发育期对应的平均气温，≥0 ℃、≥5 ℃、≥10 ℃积温，累计降水量。

3. 确立推算黑果腺肋花楸各主要物候期的农业气象指标

分析黑果腺肋花楸在各生长发育关键期对温度、热量、降水等气象要素的需求，以 3 个观测点 3 年观测的黑果腺肋花楸发育历期气象要素的平均值，建立黑果腺肋花楸发育期与≥0 ℃、≥5 ℃、≥10 ℃积温，适宜温度、降水量的关系，确立推算黑果腺肋花楸生长发育期及安排农事活动的气象指标。

（三）数据统计与处理

物候期及物候期积温计算方法：按照公式（9-1）计算物候期，按照公式（9-2）计算物候期积温。

$$d_i = b - a \qquad (9\text{-}1)$$

$$at_j = \sum t_j \qquad (9\text{-}2)$$

式中，d_i 为 i 物候持续日数；a 为该物候开始日期；b 为该物候结束日期；at_j 为 i 物候的积温；t_j 为 i 物候在 j 日的平均气温。

所有试验 3 次重复，结果以平均值表示，数据采用 SPSS 统计分析。

第二节　研究结果及分析

一、主要物候期观测和气象因子监测

为方便指导农事生产,我们将黑果腺肋花楸物候划分为萌芽展叶期、开花期、果实生长期、果实成熟期、果实采摘和落叶休眠期 6 个主要物候期。3 个观测点的 2019—2021 年关键物候开始和结束时间观测资料见表 9-1。

表 9-1　宁夏泾源县黑果腺肋花楸各物候开始和结束时间观测资料

年份	测点	萌芽展叶期	开花期	果实生长期	果实成熟期	果实采摘期	落叶休眠期
2019	大湾乡董庄村	25/3—12/4	13/4—22/5	23/5—16/8	17/8—11/9	12/9—19/9	25/10—24/3
	兴盛乡上金村	24/3—13/4	14/4—25/5	26/5—9/8	10/8—14/9	15/9—20/9	27/10—23/3
	泾河源镇底沟村	24/3—12/4	13/4—26/5	27/5—11/8	12/8—12/9	13/9—17/9	23/10—24/3
2020	大湾乡董庄村	26/3—15/4	16/4—24/5	25/5—9/8	10/8—15/9	16/9—20/9	26/10—18/3
	兴盛乡上金村	24/3—15/4	16/4—27/5	28/5—12/8	13/8—10/9	11/9—18/9	24/10—23/3
	泾河源镇底沟村	25/3—15/4	16/4—26/5	27/5—10/8	11/8—13/9	14/9—19/9	26/10—24/3
2021	大湾乡董庄村	21/3—14/4	15/4—23/5	24/5—7/8	8/8—14/9	15/9—20/9	20/10—20/3
	兴盛乡上金村	24/3—12/4	13/4—26/5	27/5—9/8	10/8—11/9	12/9—17/9	25/10—23/3
	泾河源镇底沟村	21/3—15/4	16/4—24/5	25/5—9/8	10/8—16/9	17/9—22/9	26/10—20/3

注:表中日期为日/月。

表 9-1 数据表明,3 个观测点同一观测点不同年份各发育期起始时间不同,相差 3~4 d,同一年份不同观测点相差 1~5 d,原因主要是土壤水分、平均温度和积温不同造成的。物候期最长是落叶休眠期长达 140~150 d,最短是萌芽展叶期 12~15 d,全生育期 210~220 d。

≥0 ℃积温稳定持续多少表示该地区温暖状况农耕期长短,也称为零界积温;≥5 ℃积温稳定持续多少表示该地区作物生长时间长短,称为活动积温;≥

10 ℃积温稳定持续多少表示该地区作物持续活跃生长时期,称为有效积温。根据黑果腺肋花楸的生长习性,我们以生育期间≥0 ℃积温作为萌芽至展叶生长期热量资源,以≥5 ℃积温作为其旺盛生长期和开花结实的热量条件,该条件如果不足,黑果腺肋花楸表现为生长较缓慢,只开花不结果现象,以≥10 ℃积温作为果实成熟采摘的热量条件。以不同发育期间的平均气温衡量该发育期热量条件是否适宜,以期间的降水量作为衡量黑果腺肋花楸生长是否适宜的水分条件。据此统计了黑果腺肋花楸在宁夏泾源县大湾乡董庄村、兴盛乡上金村、泾河源镇底沟村 3 个观测点 2019—2021 年期间的积温、平均气温和降水量,见表 9-2。

表 9-2 3 个观测点黑果腺肋花楸各物候期气象观测资料三年平均值

观测点	物候期持续时间/d	平均气温/℃	降水量/mm	≥0 ℃积温/℃	≥5 ℃积温/℃	≥10 ℃积温/℃
大湾乡董庄村	萌芽展叶期(22)	4.8	15.1	93.7	48.1	0.0
	开花期(39)	10.5	45.2	118.7	98.8	11.1
	坐果期(70)	17.1	104.5	416.5	404.3	308.2
	果实成熟期(32)	14.7	82.4	1 362.1	1 362.1	1 354.0
	果实采摘期(6)	10.4	21.3	496.1	496.1	492.9
	落叶休眠期(147)	−3.0	38.3	225.5	210.6	88.2
	全生育期(218)	6.9	351.3	2 832.9	2 695.2	2 301.8
兴盛乡上金村	萌芽展叶期(21)	6.3	7.9	97.7	80.7	0.0
	开花期(43)	11.3	43.8	172.8	114.9	34.5
	坐果期(65)	17.3	134.0	488.9	484.0	376.2
	果实成熟期(30)	15.0	74.4	1 318.6	1 318.6	1 311.1
	果实采摘期(7)	12.2	14.9	489.7	489.7	484.3
	落叶休眠期(148)	−1.0	30.5	365.7	339.8	217.4
	全生育期(217)	7.3	416.5	2 992.4	2 898.2	2 423.7

续表

观测点	物候期持续时间/d	平均气温/℃	降水量/mm	≥0 ℃积温/℃	≥5 ℃积温/℃	≥10 ℃积温/℃
	萌芽展叶期(23)	5.7	14.2	72.3	27.3	0.0
	开花期(42)	11.2	49.0	128.9	105.0	23.0
	坐果期(67)	17.5	263.9	473.2	470.5	366.5
泾河源镇底沟村	果实成熟期(33)	15.2	498.1	1 349.2	1 349.2	1 343.9
	果实采摘期(6)	11.0	24.7	521.7	521.7	518.8
	落叶休眠期(149)	−2.3	32.4	340.8	317.0	176.3
	全生育期(216)	6.7	503.8	2 962.3	2 816.0	2 428.5

表 9-2 数据表明,3 个观测点黑果腺肋花楸各物候期持续时间、降水量、平均温度、≥0 ℃积温、≥5 ℃积温和≥10 ℃积温三年的平均值不相同,其原因是在山区由于观测点海拔、坡向、植被等非地带性因素影响,会造成温度、降水量、积温的差异。这些差异导致黑果腺肋花楸在不同地点物候开始和结束时间相差1~5 d,全生育期相差 1~2 d,说明只要能够满足最低气温和积温要求,黑果腺肋花楸能够正常生长发育。多种因素对植物物候产生影响,环境因素与植物物候提早或推后和物候期持续天数呈显著相关。多位学者研究表明,除降水、光照外,温度影响物候尤其突出,物候开始时间和终止时间不仅与日平均气温有关,而且与积温密切相关。表 9-2 数据表明,黑果腺肋花楸物候期持续天数与≥0 ℃积温≥5 ℃积温相关性较好,发育期间平均温度越高,累积积温越高、发育日提前,两者关系呈正相关,平均温度越高,累积积温越高发育日数持续天数缩短,两者呈负相关。

根据 3 个观测点 3 年的观测资料,以 3 年降水量、平均日气温、≥0 ℃、≥5 ℃、≥10 ℃积温作为黑果腺肋花楸栽培管理的农业气象指标,结合物候期科学安排黑果腺肋花楸栽培周年农事活动,促进黑果腺肋花楸栽培达到高产高效优质的目的。

表 9-3　宁夏泾源县黑果腺肋花楸农业气象指标

物候期持续时间/d	降水量/ mm	日平均气温/ ℃	≥0 ℃积温/ ℃	≥5 ℃积温/ ℃	≥10 ℃积温/℃
萌芽展叶期（22）	10.2	5.6	100.3	52.0	0.0
开花期（41）	145.7	11.0	127.5	106.2	22.9
坐果期（70）	347.7	17.3	459.5	452.9	350.3
果实成熟期（32）	228.8	14.8	1 343.3	1 343.3	1 336.3
果实采摘期（6）	31.7	11.2	502.5	502.5	498.7
落叶休眠期（148）	57.0	- 2.1	307.3	289.0	182.8
全生育期（217）	837.5	6.9	2 929.2	2 843.5	2 397.3

（一）萌芽展叶期

3 月下旬至 4 月上旬，当最低温度>0 ℃，黑果腺肋花楸叶芽开始膨大，进入萌芽期，从芽眼裂口至芽开放再到展叶期一般需要 20 d 左右，萌芽至展叶期对温度、降水的需求显著提升，此期间适宜的温度、降水条件有利于提早萌芽、叶芽展开快速生长。萌芽至展叶期迟早取决于这段时间气温的高低，此期间温度高，萌芽就提早，发育日数缩短；反之，则推迟。该时期适宜温度 4.8~6.3 ℃，≥0 ℃积温 93.7 ℃，初春气温起伏变化大，降水时常呈雨雪交加态势，影响土壤加速解冻，地下根系恢复生长缓慢，不适宜灌水，适宜降水量在 9.0~11.7 mm。主要农事活动是进行修剪、清除田间枯枝落叶，减少病虫害寄主，提高地温，促使土壤加速解冻。

（二）开花期

4 月上旬至 5 月下旬，当日平均气温在 10.5~11.3 ℃，≥0 ℃积温 127.5 ℃，≥5 ℃积温 106.2 ℃时，黑果腺肋花楸新枝开始抽枝生长，果枝出现花蕾并陆续开放进入开花期，黑果腺肋花楸花期较长，从现蕾到末花期历时 40 d 左右。该时期温度是主要影响因子，此期间的气温越高，现蕾越早，花期集中，物候期持续天数越短。该阶段开花期对降水需求不显著，此期间适宜降水量 143.6~147.0 mm；降水偏多，影响花粉质量与受精，影响后期坐果率；降低气温，物候延迟，物候期持续时间延长。该时期栽培管理措施主要为田间浅耕除草,防治病虫害和鼠害、追施化肥,根据土壤墒情酌情浇水,确保坐果丰产。

(三)坐果期

5月下旬至8月上旬,当日平均气温在17.1~17.5 ℃,≥0 ℃积温超过459 ℃、≥5 ℃超过452 ℃、≥10 ℃超过350 ℃时,黑果腺肋花楸进入坐果期,坐果期生长维持在70 d左右。此期间温度高,降水充沛,有利于果实膨大生长,6—8月随着日平均气温逐渐升高,降水天气过程集中,黑果腺肋花楸叶面水分蒸腾加大,对降水需求显著,适宜降水量332.1~374.0 mm。气温偏高,降水量偏少,则果实瘦小,必须进行田间浇水2~3次。该阶段田间管理工作应结合中耕除草、追施以钾含量高的化肥1次,做好蚜虫防治,加强强对流天气监测,做好冰雹气象灾害的预警预防,防范洪涝灾害的各项准备工作。

(四)果实成熟期

8月上旬至9月中旬,黑果腺肋花楸陆续进入果实成熟期。该时期气温是限制黑果腺肋花楸果实成熟的主要因素,适宜气温在14.7~15.2 ℃、≥5 ℃的积温1 318.6~1 362.1 ℃、≥10 ℃积温1 311.1~1 354.0 ℃,≥10 ℃积温可促进果实成熟,果实成熟期历时34 d左右。该时期降水量在227.4~230.4 mm,果实成熟期降水偏多,影响糖分转化,阴雨寡照,影响口感和品质。此阶段加强冰雹预警预防、做好洪涝灾害防范工作

(五)采摘期

9月中旬至9月下旬,当日平均气温在10.4~12.2 ℃、≥0 ℃累计积温2 534 ℃、≥5 ℃的累计积温2 457 ℃时,≥10 ℃的累计积温2 209 ℃时黑果腺肋花楸果实糖分等化合物积累达到一定程度后进入采摘期。该时期适宜降水量26.0~39.9 mm,该阶段温度高,降水日少,采摘期提前,持续天数7~12 d,晴朗少雨的天气有利于开展采摘、运输、晾晒、存贮工作;降水偏多,采摘期延迟,果实将出现裂果、烂果甚至落果的风险,产量受到损失。该阶段田间管理应抓住晴好天气,及时采摘归仓。

（六）落叶休眠期

当年 10 月下旬至翌年 3 月下旬左右，当平均气温下降在−1.0~−3.0 ℃时，黑果腺肋花楸进入落叶休眠期，也就是越冬期，该时期持续天数在 144~150 d，整个漫长的越冬期，适宜平均降水量 52.4~63.3 mm，冬季有效降水，有利于黑果腺肋花楸土壤根部保墒，确保安全越冬。翌年春季，宁夏泾源县 10 cm 地表冻土解冻日期一般在 3 月 5—10 日，早春气温高、降水充沛有利于黑果腺肋花楸提早进入萌芽期生长。

二、研究结论

采用日平均气温、降水量、≥0 ℃积温、≥5 ℃积温、≥10 ℃的积温作为黑果腺肋花楸农业气象指标，对黑果腺肋花楸栽培周年管理具有较好的指导性。

第十章　泾源县冰雹对黑果腺肋花楸种植影响及防御措施的研究

　　气象灾害是指由气象原因直接或间接引起的灾害,给人类和社会造成很大损失,尤其是对农林种植业影响尤为突出,损失巨大。据资料统计,在我国气象灾害造成的农作物损失约占所有自然灾害造成损失的97%,直接经济损失占经济损失的76%,占3%~6%的国民经济生产总值。随着全球气候的不断变化,我国干旱、暴雨、冰雹、霜冻、低温、高温等极端天气发生频率愈发频繁,气象灾害的多样性、突发性、极端性越来越明显,灾害的随机性、关联性愈发难以预见。气象灾害对黑果腺肋花楸发育影响及其防治措施,大多数报道在干旱、低温对其发育生长影响方面,对霜冻、冰雹等气象灾害研究方面报道极少。因此,研究冰雹对黑果腺肋花楸种植影响及防御措施显得尤为必要。

　　宁夏泾源县地处六盘山地区,地形复杂,地势起伏多变,气候变化多端,主要自然灾害有冰雹、霜冻、雨涝、低温及季节性干旱。根据引种多年观测,影响宁夏泾源县黑果腺肋花楸发育生长的气象灾害主要是冰雹。为此,对宁夏泾源县冰雹对黑果腺肋花楸种植影响及防御措施进行了研究。

第一节　研究内容与方法

一、研究区域自然条件及黑果腺肋花楸种植概况

（一）自然条件

1. 地理位置与行政区划

泾源县地处宁夏最南端，位于六盘山东麓，因泾河发源于此而得名，隶属于宁夏固原市。地理坐标东经 106°12′15″~106°30′15″，北纬 35°14′20″~35°37′25″。县域南北长 41.5 km，东西宽 27.3 km，全县土地总面积 1 131 km²。东与甘肃省平凉市崆峒区相连，南与甘肃省华亭县、庄浪县接壤，西与宁夏隆德县毗邻，北与固原市原州区、彭阳县交界。境内六盘山地区被列为国家级自然保护区、国家级森林公园和中国第一个旅游扶贫开发试验区。全县辖 4 乡 3 镇 96 个行政村，总人口 11.5 万人，其中，农业人口 10.35 万人，占 90%；回族人口 9.28 万人，占 80.7%；是以回族聚居为主的农业县。

2. 地形地貌

宁夏泾源县地形地貌奇特，地势西北高东南低。海拔为 1 608~2 931 m，海拔最高处为六盘山主峰米缸山，最低处为胭脂峡谷地柳家河坝。地貌为侵蚀构造石山区、剥蚀构造丘陵区和侵蚀堆积河谷平川区。

3. 气候资源

宁夏泾源县属中温带半湿润气候区，气候温和、降水充沛、无霜期短。年日照时数 2 313.6 h，年平均风速 3.1 m/s，最多风向西北偏西风，出现频率 14%，最大风、极大风速 28.5 m/s，年大风日数 13.9 d，年平均蒸发量 1 375.5 mm，年冰雹日数 2.3 d，年雷暴日数 27.6 d，年沙尘日数 0.4 d。泾源县气候呈现出"春寒、夏凉、秋短、冬长"的特点。

（1）气温特征。宁夏泾源县位于六盘山东麓，是黄土高原上的一个"绿岛"。年平均气温 6.2 ℃，气温年较差为 24.1 ℃。3—11 月平均气温在 0 ℃以上，最

冷月在 1 月,平均气温–6.4 ℃,最热月在 7 月,平均气温 17.7 ℃,历年极端最高气温 32.6 ℃,出现在 1997 年 7 月 21 日,极端最低气温–27.4 ℃,出现在 1991 年 12 月 27 日。因冬季常受蒙古南下较强冷空气的侵袭,以 1、12 月份气温最低,平均气温分别为–6.4 ℃、–4.5 ℃;7、8 月份气温最高,平均气温分别为 17.7 ℃、16.5 ℃。

(2)降水特征。宁夏泾源县由于森林覆盖率高、植被较好,空气湿润,阴雨天较多。宁夏泾源县年降水量 618.3 mm,降水量随海拔的降低而增加,南部年降水量约 600 mm 以上,二龙河可达 800 mm 以上,而北部仅为 400 mm 左右;4—10 月是农作物的生长季节,其间的降水量占年总量的 88%以上;其中 7、8 两月降水量超过 100 mm,月累计降水量达到 80 mm 以上的月份有 4 个月,为 6—9 月。

(二)黑果腺肋花楸种植情况

宁夏泾源县从 2016 年从辽宁引进黑果腺肋花楸优良品种"富康源 1 号"试验栽培,截至 2021 年年底面积达到 2.04 万亩,已开始结果产量达到 14 万 kg。引进 2 个品种建立黑果腺肋花楸采穗圃 2 处 200 亩,年繁育苗木 20 万株,年加工鲜果 300 万 t。

二、研究方法与内容

(一)研究方法

选择宁夏泾源县 1991—2020 年的 30 年间的冰雹观测气象资料,运用统计分析法分析冰雹出现的频次,参考相关文献和实地调查等进行分析研究。

(二)研究内容

宁夏泾源县冰雹发生成因及概况,冰雹发生规律,冰雹对黑果腺肋花楸种植影响,防御对策。

第二节 研究结果及分析

一、冰雹发生成因及概况

宁夏泾源县地处六盘山的东麓,崆峒山西面,地形复杂,受六盘山的抬升作用(动力条件)和"湿岛"供给的水汽上升凝结释放潜热(热力条件),使对流发展而导致雹云的发展旺盛,造成雹灾频繁发生。六盘山区处于水汽进入宁夏的必经之路上,受东南暖湿气流影响,带来大量水汽,在六盘山区受山体抬升及"喇叭口"地形共同影响,为强对流的发生提供了充足的水汽条件和动力抬升条件,极易发生强对流天气,形成冰雹灾害。据宁夏泾源县气象资料记载(表10-1),1991—2020年近30年,累计降雹44次,年均降雹1.5次。30年间未发生降雹的年份有10年,占33.3%,发生降雹年份有20年,占66.7%,其中,降雹1次的年份有6次,占20%;降雹2次的年份有6次,占20%;降雹3次的年份有6次,占20%;降雹4次的年份有2次,占6.7%。

表 10-1 宁夏泾源县 1991—2020 年冰雹逐年发生情况统计资料

时间	1991	1992	1993	1994	1995	1996	1997	1998	1999	2000
次数	2	3	2	0	2	3	2	3	4	1
时间	2001	2002	2003	2004	2005	2006	2007	2008	2009	2010
次数	1	4	0	3	0	1	0	1	0	0
时间	2011	2012	2013	2014	2015	20176	2017	2018	2019	2020
次数	0	2	0	0	3	1	1	0	3	2

二、冰雹发生规律

宁夏泾源县由于特殊的地形作用,以及森林植被等因素影响,冰雹呈现明显规律性。

（一）时间性明显

表10-2资料表明，冰雹一般从4—10月份均有出现，最早4月1日，最迟10月22日，主要集中在6—8月份，30年间最多出现过14次，占31.8%；一天当中，从9:00—24:00均有发生，主要集中在14:00—18:00，其中15:00—16:00出现频率最高达19%，夜间出现次数极少。

表10-2　1991—2020年间历年各月平均冰雹发生情况资料

月份	1	2	3	4	5	6	7	8	9	10	11	12
次数	0	0	0	3	3	4	6	4	2	1	0	0

（二）路径基本固定

宁夏泾源县冰雹发生路径由于受六盘山和崆峒山的共同影响，迫使雹云沿山脉的走向移动和降落。西路从六盘山镇入境，至惠台分为两支，一支向东南方向经黄花乡羊槽村与东路合并；另一支向南至泾河源镇的龙潭村又分成两支，一支向南入山，另一支向东至新民乡先进村出境到甘肃。东路从蒿店入境经黄花乡羊槽村（与西路交会）至泾河源镇东峡村分两支，一支向南经新民乡杨堡村出境到甘肃，另一支向东南经新民乡燕家山出境至甘肃。

（三）落区较为集中

据调查泾源全县范围均有冰雹发生，但主要落区为黄花乡的沙塘村、秋千架山和羊槽村，香水镇的沙南村，泾河源镇的龙潭村、泾光村、东峡村和底沟村，新民乡的燕家山、胜利、先锋和马河滩村。

（四）强度大损失重

据宁夏泾源县1959年建站以来气象观测资料记载，雹灾每年都有不同程度的发生，给国民经济生产、农作物及牲畜带来严重影响和损失。近年来，如2018年6月29日，冰雹涉及泾河源镇、兴盛乡2个乡镇9个行政村，积雹厚度6 cm，最大冰雹直径60 mm，灾害造成农作受灾面积达到649.9 hm²，成灾面积649.9 hm²，绝产面积339.0 hm²，造成农业直接经济损失1 152.0万元，兴盛乡上金村黑果腺肋花楸产量损失一半以上。2020 年 8 月 25 日,冰雹造成农作物受损共计 925.2 hm²,农作物造成的经济损失 854.52 万元,黑果腺肋花楸受灾面积233 hm²,产量损失 35%。2021 年 7 月 8 日,冰雹造成农作物受灾面积1 201.2 hm²,直接经济损失 1 443.96 万元,黑果腺肋花楸受灾面积 434.5 hm²,造成产量损失61%。

三、冰雹对宁夏泾源县黑果腺肋花楸发育期影响

宁夏泾源县是冰雹多发区,结合宁夏泾源县历年冰雹统计资料和黑果腺肋花楸发育期观测资料(表 10-3)来看,黑果腺肋花楸发育期除了越冬期,其他 5个发育期均有可能遭受雹灾。

表 10-3　宁夏泾源县黑果腺肋花楸(富康源 1 号)各发育期情况资料

发育期	日期
萌芽期	3 月 25 日—4 月 13 日
开花期	4 月 14 日—5 月 25 日
坐果期	5 月 26 日—8 月 14 日
果实成熟期	8 月 15 日—9 月 13 日
采收期	9 月 14 日—9 月 20 日
越冬期	10 月 25 日—3 月 24 日

(一)萌芽展叶期

萌芽展叶期在 3 月下旬至 4 月上旬,4 月历史平均冰雹出现次数 3 次。此发育阶段,新芽刚长出,嫩枝嫩芽较脆弱,冰雹易打落嫩芽、新枝叶、造成枝折果落,抑制黑果腺肋花楸植株正常生长和开花结果。

(二)开花期

黑果腺肋花楸开花期一般在 4 月上旬至 5 月下旬,5 月历史平均冰雹出现次数 4 次。此时降雹,将砸落开放的花瓣,冰雹天气通常伴随大风、强降水,花瓣

遭多重灾害性天气重创,花瓣稀疏,影响花粉传授,后期坐果落空,造成减产。

(三)坐果期

坐果期在5月下旬至8月上旬,正值冰雹出现高峰期,历史平均冰雹出现次数最多达6次,黑果腺肋花楸坐果的繁与疏决定一年的产量趋势。此阶段遭遇冰雹,轻则果实表皮机械受损,出现凹坑,影响后期糖分转化,口感酸涩,影响品质,表皮凹坑还易引发果肉病虫害;重则冰雹打落、打光果实,造成减产甚至绝产。

(四)果实成熟期

果实成熟期在8月中旬至9月中旬,降雹频次逐渐下降,但8月平均降雹次数仍有4次。此时黑果腺肋花楸果肉鲜嫩多汁、个体饱满,由于黑果腺肋花楸果实是一簇一簇的结果,果柄连接树枝的部位因果实自身的重量下垂,一旦遭遇冰雹,果实更易被冰雹损害,果实出现落果和烂果现象,破坏果实营养物质,势必造成产量下降。

(五)果实采摘期

采摘期一般在9月中旬,冰雹历史平均发生次数2次。采收期遭遇冰雹,同样面临落果烂果、机械损伤果实表皮,影响品质,面临果实销售困难。大的冰雹可造成黑果腺肋花楸树冠折坏、破坏树形,影响当年和今后几年的产量及收益,极其严重的甚至造成树毁绝产。

四、防御对策

(一)合理安排种植区域

从冰雹路径和落区分析得出,历年宁夏泾源县南部的泾河源镇、新民乡受雹灾较重,尤其是泾河源镇泾光村几乎连年遭受雹灾袭击,北部大湾乡、六盘山镇,中部兴盛乡、香水镇相比东部黄花乡受雹灾较轻。建议林业部门和种植户合理安排种植区域,确保黑果腺肋花楸稳产丰收。

（二）加强气象预报预测

气象部门及时收集、整理、发布冰雹气象预报预测信息，与应急、林业、乡镇等相关部门密切配合，做好预防和减灾工作。

（三）建立健全农业保险制度

建立由政府牵头，农业、林业、气象、应急等相关部门支持、保险公司配合的农业气象灾害保险长效防灾减灾保险机制，提高黑果腺肋花楸种植经营者抵御自然灾害能力，保障其效益，促使黑果腺肋花楸产业持续健康高效发展。

（四）人工科学防雹

宁夏泾源县目前人工防雹工具主要有高炮和火箭。根据天气预报没有冰雹的对流云，尽量在发展阶段进行作业，不要等到雹云发展成熟后再作业，这时作业用弹量大，其效果也不佳。防冰雹作业时要选择雷电强且频繁的方向作业。此外，还可以在黑果腺肋花楸种植区上方设置防雹网，减轻雹灾。

（五）加强灾后管理

对已经遭受雹灾的田间加强科学管理，冰雹砸伤的枝条已造成经枯死的，可从伤折附近剪去，涂保护剂。然后从附近选留新枝或徒长枝加以培养，也可采用高接补救措施，以恢复产量和树势，伤枝较轻的，要及时将劈裂的枝条吊起，基部用绳绑紧，外面用塑料膜包严，以利伤势愈合。雹灾过后，及时在种植区喷洒杀菌剂，减少病菌侵入概率；加强根外追肥，提高黑果腺肋花楸树体抗性，在喷药时加入 0.3%~0.5% 尿素或微肥，可补充树体养分，提高光合作用。对重雹田块，可补种其他早熟作物，如荞麦、绿豆等补充产量损失。

五、小结

本研究初步摸清了宁夏泾源县冰雹成因及概况，冰雹发生规律对黑果腺肋花楸种植影响。制定了防御对策，对黑果腺肋花楸种植具有指导意义。

第十一章　黑果腺肋花楸营养成分测定与分析

本研究分别以宁夏泾源县和黑龙江省黑河市采收的 4 年生黑果腺肋花楸两个品种"黑宝石""富康源 1 号"果实进行营养成分测定，主要包括蛋白质、总黄酮、维生素、钙、锰、β-胡萝卜素、原花青素、16 种必需氨基酸等指标。通过对营养成分进行对比分析，旨在为黑果腺肋花楸两个品种的果实生产加工及营养品质分析提供理论依据。

第一节　研究内容与分析方法

一、研究材料

于 2020 年 9 月底分别采收宁夏泾源县、黑龙江省黑河市黑果腺肋花楸"黑宝石""富康源 1 号"的鲜果，淋洗、沥水后置于超低温冰箱内测定营养成分。

二、测定内容与方法

（一）原花青素含量测定

1. 标准曲线绘制

吸取 6 mL 的正丁醇与盐酸混合液（95：5），加入 0.20 mL 硫酸铁铵，分别吸标准液 0.00 mL、0.20 mL、0.40 mL、0.60 mL、0.80 mL、1.00 mL，并用甲醇补足至 1.00 mL，混匀，沸水浴回流 40 min 后立即冷却，加热 15 min，于 546 nm 波长处测定吸光值。

2. 样品处理

将样品置于 100 mL 容量瓶中，用甲醇定容至刻度线，超声波处理 20 min，混匀，上清液备用。吸取正丁醇与盐酸混合溶液 6 mL，硫酸铁铵 0.20 mL 和样液 1 mL，混匀，沸水浴回流 40 min 后立即冷却，加热 15 min，于 546 nm 波长处测吸光值。

3. 结果计算

计算公式：

$$H_{\text{HQS}} = \frac{c}{m \times \dfrac{1}{100} \times 10^6} \times 100$$

式中，H_{HQS} 为原花青素含量，g/100 g；c 为样品浓度；m 为样品质量。

（二）总黄酮含量测定

1. 标准曲线绘制

吸取 0.20 mL、0.40 mL、0.60 mL、0.08 mL 和 1.00 mL 标准液加入 1 g 聚酰胺粉置于蒸发皿中，沸水浴除去甲醇后装柱，加入 20 mL 苯洗，弃去，再加入 20 mL 甲醇洗脱，将洗脱液装入 25 mL 试管中，用甲醇定容至刻度，于 360 nm 下测定吸光值。

2. 样品处理

样品加乙醇溶液用超声波提取 45 min，于 8 000 r/min 离心 15 min，定容至 100 mL 的容量瓶中，在 1 g 聚酰胺粉的蒸发皿中加入上清液 1 mL，沸水浴除去乙醇，装柱，加入 20 mL 甲醇洗脱，重复 2 次，将洗脱液装入 25 mL 试管中，用甲醇定容至刻度，于 360 nm 下测定吸光值。

3. 结果计算

计算公式：

$$H_{\text{ZHT}} = \frac{c}{m \times \dfrac{1}{100} \times 10^3} \times 100$$

式中，H_{ZHT} 为总黄酮含量，mg/100 g；c 为样品浓度；m 为样品质量。

（三）β 胡萝卜素含量测定

在样品中加入抗坏血酸和混合酶液进行酶解、皂化。用石油醚提取，水洗至中性后，于 40 ℃浓缩，用氮气吹干，二氯甲烷定容，摇匀后过 0.45 μm 滤膜，HPLC 分析。

计算公式：

$$H_\beta = \frac{A \times V}{m} \times f$$

式中，H_β 为 β 胡萝卜素含量，μg/100 g；A 为测定值；V 为定容体积；m 为样品质量；f 为稀释倍数。

（四）可溶性蛋白含量测定

1. 样品处理

可溶性蛋白含量采用容量滴定法测定。取混匀的样品，加入催化剂，加浓硫酸。消化至澄清透明的蓝绿色，加热 0.50 h，取下冷却至室温，上机蒸馏，用硼酸作接收液，加 2 滴甲基红-溴甲酚绿指示剂，以 HCl 标液滴定至灰色，同时做空白试验。

2. 结果计算

计算公式：

$$H_{KRD} = \frac{c \times (V_{测} - V_0) \times 0.014}{m} \times F \times 100$$

式中，H_{KRD} 为可溶性蛋白含量，g/100 g；c 为标准溶液浓度，mol/L；$V_{测}$ 为消耗溶液体积，mL；V_0 为空白消耗溶液体积，mL；m 为样品质量，g；F 为蛋白质的换算系数（6.25）。

（五）维生素 C 含量的测定

维生素 C 含量采用光度法测定。

1. 标准曲线的绘制

吸 50 mL 100.0 μg/mL 抗坏血酸标准液于 200 mL 具塞试管中，加入活性炭 2 g，振荡 1 min，过滤，为标准氧化液。取 10 mL 标准氧化液于 2 个 100 mL 容量瓶中,作为"标准液"和"标准空白液"。在标准空白管中加入 5 mL 硼酸-乙酸钠,蒸馏水定容,在标准管中加入 5 mL 乙酸钠,蒸馏水定容。从标准管中分别吸 0.50 mL、1.00 mL、1.50 mL、2.00 mL 于 10 mL 具塞刻度试管中,蒸馏水定容至 2 mL。在标准空白管中吸 2 mL,于 10 mL 比色皿中,在黑暗条件下加 5 mL 邻苯二胺,混匀,在室温下反应 35 min,于 420 nm 下测定吸光度,绘制标曲。

2. 样品处理

称样品 100 g,加 100 mL 偏磷酸-乙酸,捣碎机中打成浆,调 pH 为 1.20,取 20 g 匀浆,稀释至 100 mL。氧化处理:吸 50 mL 样液于 200 mL 具塞锥形瓶中,加 2 g 活性炭,震荡并过滤。吸 10 mL 试样氧化液于两个 100 mL 容量瓶中,为"试样液"和"试样空白液"。后"试样空白液"中加 5 mL 硼酸-乙酸钠,蒸馏水定容后在 4 ℃冰箱放 2.5 h,于"试样液"中加 5 mL 的 500 g/L 乙酸钠,蒸馏水定容。准确吸 2.00 mL 的"试样液"和"试样空白液"于比色管中,在黑暗中加 5 mL 邻苯二胺,混匀。在室温下反应 25 min,在激发波长 338 nm、发射波长 420 nm 下测定荧光强度。

3. 结果计算

计算公式:

$$H_{VC} = \frac{c}{m} \times 100$$

式中,H_{VC} 为维生素 C 含量,mg/100 g;c 为样品浓度值,mg;m 为样品质量,g。

(六)维生素 B_6 含量的测定

将样品加入锥形瓶中,加盐酸溶液,进行高压灭菌水解,后迅速冷却,调 pH,加入酶液,置于 37 ℃培养箱过夜。第二天,将酶解液转移到容量瓶中用蒸馏水,过滤,取一定量滤液加入碱性铁氰化钾溶液和正丁醇溶液,涡旋混匀。于 8 000 r/min 离心,取上清液,过滤膜,HPLC 分析。

计算公式:

$$H_{VB6} = \frac{A \times V}{m} \times f$$

式中,H_{VB6} 为维生素 B_6 含量,mg/100 g;A 为测定值;V 为定容体积;m 为样品质量;f 为稀释倍数。

(七)钙、锰含量的测定

1. 样品处理

称 2 g 样品于玻璃烧杯中,加 10 mL 硝酸,加热煮沸,至二氧化氮黄烟散尽。冷却后加 10 mL 高氯酸,小心煮沸至无色,冷却后加蒸馏水 50 mL,且煮沸驱逐二氧化氮,冷却后转入 100 mL 容量瓶中,蒸馏水稀释至刻度,摇匀,为试样分解液。

2. 样品测定

准确取试样分解液 10 mL 于 200 mL 烧杯中,加蒸馏水 100 mL,甲基红指示剂 2 滴,滴加氨水至溶液呈橙色,再多加 2 滴使其呈粉红色,小心煮沸。慢慢滴加草酸铵 10 mL,且不断搅拌,至溶液呈红色,在水浴上加热 2 h,过滤。用氨水溶液沉淀 6~8 次,至无草酸根离子。将沉淀和滤液转入原烧杯中,加硫酸 10 mL 和蒸馏水 50 mL,加热至 75~80 ℃,用高锰酸钾标准溶液滴定,溶液呈粉红色且半分钟不褪色为终点。同时进行空白溶液的测定。

3. 结果计算

计算公式:

$$H_{GM} = \frac{(A - A_0) \times V \times f}{m}$$

式中,H_{GM} 为钙、锰含量,mg/kg;A 为测定值;A_0 为空白试剂检测结果;V 为定容体积;f 为稀释倍数;m 为样品质量。

(八)氨基酸测定

1. 样品处理

称混匀样品,在 6 mol/L 盐酸中于 110 ℃下水解 22 h,过滤。蒸馏水定容至 50 mL,取 1 mL 滤液,氮气吹干,稀释到 5 mL,混匀后过滤,上氨基酸分析仪分析。

2. 结果计算

计算公式:

$$H_{ASS} = \left[(A/A_0) \times c \times V \right] \times f/m$$

式中, H_{ASS} 为氨基酸含量, g/100 g; A 为样液峰面积; A_0 为标液峰面积; c 为标液浓度; V 为定容体积; f 为稀释倍数; m 为样品质量。

三、数据统计与分析

采用 Excel 2010 软件进行数据分析与作图。

第二节　研究结果及分析

一、氨基酸含量分析

宁夏泾源县黑果腺肋花楸两个品种均富含 16 种氨基酸(表 11–1),"黑宝石"和"富康源 1 号"的总氨基酸含量分别为 0.494 g/100 g 和 0.532 g/100 g。其中,黑宝石果实中谷氨酸含量最高,占氨基酸总量的 18.02%;其次是天冬氨酸、亮氨酸,未检出蛋氨酸含量。"富康源 1 号"果实中的天冬氨酸含量最高,占氨基酸总量的16.92%;其次是谷氨酸、亮氨酸,同时检测出少量的蛋氨酸。两个品种均含有人体必需的 6 种氨基酸,"黑宝石"和"富康源 1 号"的含量分别为 1.84 mg/kg 和 1.92 mg/kg。

表 11–1　宁夏泾源县黑果腺肋花楸不同品种的氨基酸含量

氨基酸	含量/$(g \cdot 100\ g^{-1})$		占总氨基酸量比/%	
	"黑宝石"	"富康源 1 号"	"黑宝石"	"富康源 1 号"
天冬氨酸	0.063	0.090	12.75	16.92
苏氨酸	0.027	0.031	5.47	5.83
丝氨酸	0.031	0.038	6.28	7.14
谷氨酸	0.089	0.069	18.02	12.97

氨基酸	含量/(g·100 g⁻¹)		占总氨基酸量比/%	
	"黑宝石"	"富康源 1 号"	"黑宝石"	"富康源 1 号"
脯氨酸	0.012	0.019	2.43	3.57
甘氨酸	0.032	0.030	6.48	5.63
丙氨酸	0.028	0.028	5.67	5.26
缬氨酸	0.028	0.032	5.67	6.02
蛋氨酸	未检出	0.007	0.00	1.32
异亮氨酸	0.022	0.026	4.45	4.89
亮氨酸	0.041	0.044	8.30	8.27
酪氨酸	0.012	0.016	2.43	3.01
苯丙氨酸	0.029	0.028	5.87	5.26
赖氨酸	0.032	0.035	6.48	6.58
组氨酸	0.012	0.012	2.43	2.26
精氨酸	0.037	0.031	7.49	5.83
氨基酸总量	0.494	0.532	—	—

黑龙江省黑河市黑果腺肋花楸两个品种富含 16 种氨基酸（表 11-2），"黑宝石"和"富康源 1 号"的总氨基酸含量分别为 0.680 g/100 g 和 0.671 g/100 g，明显高于宁夏泾源县的氨基酸总量。其中，"黑宝石"果实中谷氨酸含量最高，占

表 11-2　黑龙江省黑河市黑果腺肋花楸不同品种的氨基酸含量

氨基酸	含量/(g·100 g⁻¹)		占总氨基酸量比/%	
	"黑宝石"	"富康源 1 号"	"黑宝石"	"富康源 1 号"
天冬氨酸	0.080	0.097	11.76	14.46
苏氨酸	0.032	0.035	4.71	5.22
丝氨酸	0.037	0.043	5.44	6.41
谷氨酸	0.110	0.068	16.18	10.13

续表

氨基酸	含量/(g·100 g^{-1})		占总氨基酸量比/%	
	"黑宝石"	"富康源1号"	"黑宝石"	"富康源1号"
脯氨酸	0.025	0.031	3.68	4.62
甘氨酸	0.045	0.041	6.62	6.11
丙氨酸	0.033	0.032	4.85	4.77
缬氨酸	0.041	0.044	6.03	6.56
蛋氨酸	0.003	0.009	0.44	1.34
异亮氨酸	0.034	0.037	5.00	5.51
亮氨酸	0.056	0.058	8.24	8.64
酪氨酸	0.014	0.019	2.06	2.83
苯丙氨酸	0.046	0.042	6.76	6.26
赖氨酸	0.048	0.050	7.06	7.45
组氨酸	0.020	0.018	2.94	2.68
精氨酸	0.056	0.047	8.24	7.00
氨基酸总量	0.680	0.671	—	—

氨基酸总量的16.18%；其次是天冬氨酸、亮氨酸和精氨酸，还含有少量的蛋氨酸。"富康源1号"果实中的天冬氨酸含量最高，占氨基酸总量的14.46%；其次是谷氨酸和亮氨酸，蛋氨酸含量明显较黑宝石高出200.0%。

二、其他营养成分分析

通过对宁夏泾源县和黑龙江省黑河市黑果腺肋花楸不同品种的果实营养成分进行对比分析可知（表11-3），宁夏泾源县的"黑宝石"和"富康源1号"原花青素含量分别为1.7 g/100 g和1.24 g/100 g，其中"黑宝石"的原花青素较黑龙江省黑河市的高出32.81%，而"富康源1号"的则较黑龙江省黑河市的低7.26%。宁夏泾源县的两个黑果腺肋花楸品种的总黄酮含量相同，分别较黑龙江省黑河市的明显高出 34.15%和 13.40%。宁夏泾源县的两个黑果腺肋花楸品种的维生素 C 含量分别为 8.84 mg/100 g 和 10.4 mg/100 g,分别较黑龙江省黑河市高出 259.3%和186.5%。宁夏泾源县的两个黑果腺肋花楸品种的 β 胡萝卜素含量分别为 384 mg/100 g 和 985 mg/100 g,分别较黑龙江省黑河市低 64.4%和 15.2%。宁夏黑果腺肋花楸品种的维生素 B_6 含量相同,较黑龙江省黑河市的明显高出 50%;其余成分,两个品种差异不大。

同一栽培地点,"黑宝石"果实的 β 胡萝卜素、蛋白质、维生素 C、锰含量明显低于"富康源 1 号",但是维生素 B_6 含量相同,均未检出维生素 B_1、B_2 和锌。两地的"黑宝石"钙含量明显高于"富康源 1 号",在宁夏泾源县高达 0.786 g/kg。

此外,黑龙江省黑河市"黑宝石"含有少量的铜,但是在宁夏泾源县未检出,说明这两个品种果实的营养成分种类及含量均受到栽培环境、气候等因素的影响。

表 11-3　不同种植区域其他营养成分含量

营养成分含量	宁夏泾源县		黑龙江省黑河市	
	"黑宝石"	"富康源 1 号"	"黑宝石"	"富康源 1 号"
原花青素/(g·100 g⁻¹)	1.70	1.24	1.28	1.33
总黄酮/(mg·100 g⁻¹)	110	110	82	97
β 胡萝卜素/(μg·100 g⁻¹)	384	985	1080	1162
蛋白质/(g·100 g⁻¹)	0.86	1.10	0.97	1.08
VC/(mg·100 g⁻¹)	8.84	10.4	2.46	3.63
VB₆/(mg·100 g⁻¹)	0.03	0.03	0.02	0.02
VB₁/(mg·100 g⁻¹)	—	—	—	—
VB₂/(mg·100 g⁻¹)	—	—	—	—
钙/(mg·kg⁻¹)	786.3	376.0	507.0	389.0
锰/(mg·kg⁻¹)	2.85	3.40	4.06	4.32
锌/(mg·kg⁻¹)	—	—	—	—
铜/(mg·kg⁻¹)	—	—	0.531	—

三、结论和讨论

（一）环境对氨基酸种类无影响

不同生长环境对黑果腺肋花楸果实营养成分的种类无影响，但是对于含量的多少影响较大，这可能与地理环境有关。宁夏泾源县和黑龙江省黑河市栽培的两个黑果腺肋花楸品种的果实中均含有 16 种水解氨基酸，包括 6 种必需氨基酸，其中宁夏泾源县"黑宝石"中检测出少量蛋氨酸。

（二）品种不同营养成分含量不同

"富康源 1 号"中天冬氨酸含量最高，而"黑宝石"中谷氨酸含量最高。两个品种果实的钙含量均最高，维生素 B_6 的含量最低，且"黑宝石"的钙含量明显高于"富康源 1 号"。"富康源 1 号"的 β 胡萝卜素、维生素 C，维生素 B_6、锰含量均高于"黑宝石"。宁夏泾源县、黑龙江省黑河市栽培的两个黑果腺肋花楸品种的原花青素、总黄酮含量差别不大，但是"富康源 1 号"的粗蛋白含量高于"黑宝石"的粗蛋白含量。

（三）环境对营养成分含量有影响

宁夏泾源县种植的两个黑果腺肋花楸品种的总黄酮含量相同，分别较黑龙江黑河市的明显高出 34.15% 和 13.40%。宁夏泾源县种植的两个黑果腺肋花楸品种的维生素 C 含量分别为 8.84 mg/100 g 和 10.4 mg/100 g，分别较黑龙江黑河市高出 259.3% 和 186.5%。宁夏泾源县种植的两个黑果腺肋花楸品种的 β 胡萝卜素含量分别为 384 mg/100 g 和 985 mg/100 g，分别较黑龙江黑河市低 64.4% 和 15.2%。宁夏种植的黑果腺肋花楸品种的维生素 B_6 含量相同，较黑龙江黑河市的明显高出 50%。

第十二章　宁夏南部山区黑果腺肋花楸种植
应用前景展望

黑果腺肋花楸是集食用、药用、园林绿化、生态价值于一身的珍贵树种,其富含多种功能性因子,如多酚、黄酮、多糖等化合物,具有抗衰老、抗癌、软化血管、降低血压、美容等药用价值,利用其果实和提取活性物质可加工成果酒、果醋、果茶等食品,不但能够满足人们饮食的需要,而且还能软化血管、降低血压,以达到保持人体健康的目的。

对于黑果腺肋花楸相关产品的研发,我国仍处于探索阶段,但是欧美和东亚一些国家对黑果腺肋花楸相关产品研发较为成熟,多种黑果腺肋花楸产品,如食品、药品、化妆品、保健品等已在市场销售并取得相当可观的经济效益,相关产业也已建立完善。我国企业和研发人员应充分借鉴其发展经验,重视黑果腺肋花楸相关产品的研发,充分发挥黑果腺肋花楸的经济价值和利用价值。相信在不久的将来,黑果腺肋花楸在我国会有更广阔的发展前景。

宁夏虽然引种时间不长,但在辽宁、黑龙江等地以二十多年的种植历史,形成了较为成熟的产业。因此,在宁夏林业建设中可以借鉴辽宁、黑龙江等省区(市)的研究成果,在生态修复和发展特色林业产业中加以应用。

第一节　国土绿化中的应用价值

黑果腺肋花楸属于树形小的珍贵花灌木,集花、叶、果等价值于一身的观赏树木,且其观赏性四季皆宜,在欧美地区园林绿化领域有广泛应用。同时,它具有较强的抗旱、抗寒能力,可以在宁夏南部山区荒山造林和城镇园林绿化中广泛应用。

一、生态造林应用价值

黑果腺肋花楸适应性强。对土壤要求低,沙土、壤土到黏土均可种植,喜微酸性土壤,在 pH 5.0~8.0 的大多数土壤条件均可栽培,pH≥8.5 需要对土壤进行改良。黑果腺肋花楸以深超冷机制越冬,有较强的耐寒性,可耐−40 ℃的低温,≥−30 ℃地区栽植,越冬不用埋土。耐旱强,可耐 30 d 以上的生理干旱,在降水量≥500 mm 的地区可以补水或采用抗旱造林技术进行种植,在降水量≥600 mm 的地区不用灌溉。耐阴性强,能耐 50%的遮阴。病害极少,土壤pH≥8.0 时,叶片出现黄化现象;虫害以食叶害虫为主,在经济阈值下,可不用化学防治,靠自然调控。

该树种生长很快,有发达的侧根,在浅土层交织成网,枝叶繁密能够很快覆盖地表,具有较强的水土保持作用;与其他乔、灌木组合,构成复层稳定林分,增加林分的树种多样性,增强生态林的稳定性和防护功能。还可为野生动物提供食物来源,保护和促进生物多样性;该树种可作为荒山荒地植被恢复树种和退耕还林树种加以应用,在生态的恢复和重建中具有广阔的市场前景。

宁夏六盘山区域是国家黄土高原丘陵沟壑水土保持重点生态功能区的重要组成部分,泾河、清水河、葫芦河等黄河支流发源于此。根据"三北十四五"规划,工程实施范围包括泾源县、隆德县、彭阳县和原州区炭山、三营、彭堡沿线以南,西吉县偏城、西滩、王民沿线以南,总面积 1 200 万亩,其中规划造林 260 万亩。2021 年,宁夏党委书记、人大常委会主任陈润儿在泾源县、彭阳县调研六盘山区域生态环境建设,强调要坚决贯彻落实习近平生态文明思想,牢固树立"绿水青山就是金山银山"的理念,保护六盘山生态屏障,守好生态环境生命线。陈润儿在彭阳调研中详细了解了彭阳县小流域综合治理采取的措施、取得的成效、形成的经验。他说:"彭阳县多年坚持念好'山水经'、打好'生态牌'、种好'摇钱树',把绿水青山变成金山银山,这条路子是对的,经验值得总结推广"。"推进小流域综合治理,要着眼六盘山地区生态建设来系统规划、统筹推进。要与结构调整结合起来,优化种植结构,避免乱开乱垦造成荒漠化和水土流失。要与国土绿化结合起来,坚持适地适树,宜林种林、宜果种果、宜草种草,形成科学合理的植物分布,建立适宜本地的生物群落。要与环境治理结合起来,加强工业面源、农业面源污染治理,减少对河流的污染,为实现天蓝水清创造条件。要与生态经济结合起来,大力发展林草产业,鼓励群众发展庭院经济,实现生态美、产业兴、百姓富"。

黑果腺肋花楸虽然不是宁夏的乡土树种,但引种5年来,实践证明能够适应宁夏六盘山地区自然条件,在宁夏特别是六盘山生态建设和乡村振兴中发挥更重要的作用,是良好的水土保持和荒山造林树种。黑果腺肋花楸既是"生态树"又是"摇钱树",宁夏退耕还林后续产业发展,可以考虑将其作为一个生态型经济林树种进行种植,发展黑果腺肋花楸既有生态价值又有经济价值。

二、园林绿化应用价值

黑果腺肋花楸属于丛生矮灌木,根系萌蘖能力强,多分枝,由30~40个枝条组成,树形美观,自然呈圆球形,耐修剪,在园林绿化中可用作绿篱、色块、造型苗木,种植后可按设计要求进行整形修剪。黑果腺肋花楸每个枝条上一般有15~18个花序,春季乳白色复伞状花序花束密集、艳丽,花期20 d左右,花繁飘香,并且花期较晚,可免受晚霜危害。黑果腺肋花楸株型矮小紧凑,修剪后枝叶密集,叶片能大量吸附烟尘和CO_2,具有很强的净化空气作用;叶面光滑,随季节变换颜色,春夏叶色墨绿,入秋后转为红色,有"秋天魔术"之称,无论是远观还是近看都非常艳丽夺目。

黑果腺肋花楸坐果率极高,幼果为青绿色,果实在成熟的过程中由绿色逐渐转为红色、紫色、黑色,球形浆果似颗颗"黑珍珠"挂在枝头,可以经冬不落,在雪地里煞是好看。黑果腺肋花楸集观花、观叶、观果等价值于一身,有较强的抗寒性和对土壤条件的广泛适应性,抗病虫能力强,耐寒、耐旱、耐涝、耐阴能力强、易成活、好管理等优良特性,对城市汽车尾气的净化效果显著。

2019 年在黄河流域生态保护和高质量发展座谈会上,习近平总书记指出黄河流域在我国经济社会发展和生态安全方面具有十分重要的地位,黄河流域高质量发展要"坚持生态优先、绿色发展,以水而定、量水而行","要坚持以水定城、以水定地、以水定人、以水定产,把水资源作为最大的刚性约束,合理规划人口、城市和产业发展,坚决抑制不合理用水需求,大力发展节水产业和技术,大力推进农业节水、推进全社会节水行动,推动用水方式由粗放向节约集约转变"。宁夏作为唯一一个全域都在黄河流域的省区,在黄河生态保护和高质量发展示范区建设中,应大力贯彻中央提出的"以水定城",把水资源作为最大的刚性约束,全面统筹经济社会发展,在城市园林绿化中应大力采用耐旱节水的植物进行造景,达到四季观景的效果。黑果腺肋花楸的花、叶、果、树形四个方面就可以展现园林绿化"四季有景"的绿化理念,充分展示了园林季、相、色、叶的特点。作为新兴的绿化树种可用作宁夏城镇街道、工矿企业、公园和私家庭院等绿化美化。在高速公路绿化的应用上,可以作中央隔离带树篱使用,既丰富了视觉韵律感,又不至于节奏感过于强烈,影响行车安全。

第二节　经济开发利用价值

黑果腺肋花楸于 20 世纪 90 年代初引入我国, 是 一种经济价值很高的灌木浆果树种,在适生性、果实功能物质含量水平、果实产量水平等方面均优于蓝莓。其果实富含花青素、黄酮、多酚等抗氧化物质,具有很高的经济开发利用价值,广泛应用于医药、食品等领域。尤其在防治高血压、心脑血管疾病及提高人体免疫力和抗衰老方面具有独特的功效, 在我国乃至世界具有广阔的市场前景。

一、药用开发利用价值

据资料记载,其果实中黄酮类化合物、花青素、多酚、多种维生素和矿质元素含量是目前所知植物中最高的,还富含人体所需的多种微量元素以及人体所不能直接合成却又必需的多种氨基酸,是含黄酮、多酚、维生素等药物的最佳原料。

在很早以前人类就用腺肋花楸果实治疗疾病。有资料记载,腺肋花楸对中风等心脑血管疾病以及肾脏病(肾小球肾炎)、糖尿病、毛细血管中毒症、放射线病、重金属中毒等疾病均具有特殊的疗效。

宁夏南部的六盘山地区,独特的地理、气候条件(气候冷凉、日照时间长、土壤富硒、病虫害少)和土净、水净、空气净优势,成就固原成为中国中药材生产基地。2000年9月宁夏被科技部批准为"国家现代化科技产业(宁夏)中药材基地"。根据全国第三次中药材资源普查,宁夏中药材资源有1 104种,其中,药用植物类917种(126科453属)、动物类182种、矿物类5种。目前栽培种类有66种,能够提供商品药材的有44种,重点品种有26种。

2020年固原市政府工作报告提出,促进中医药振兴发展,固原市将依托六盘山区得天独厚的区位优势和自然条件优势,将建立健全固原市中药材产业运行管理机制、设立中药材产业专项资金、设立中药材产业专项贷款、强化专门人才队伍建设、打造品牌道地药材。建立完善中药材数据综合信息平台,将创新信息网络、物联网技术充分融入产业发展各个环节,整合产业资源,指导中药材产业协同发展,提升中药材现代化水平助力脱贫攻坚。4月份,固原市出台《固原市中药材产业化发展实施方案》(2020—2024年),明确要求培育道地种植药材品种、中药材深加工、成药制造等一体化的中药材产业链。全市将依托六盘山中药材资源优势,把中药材产业与精准扶贫、乡村振兴、绿化美化相结合,形成规模化中药材种植基地,发展中药材产业。

目前,固原市全市现有初具中药材饮片加工能力与规模的企业8家,2018年加工各类药材10 380.0 t(含山杏、桃仁),实现产值15 914.0万元(约1.6亿),

解决就业人员 2 200 人。可以预见,在黑果腺肋花楸药用价值被社会广泛认知后,有志于开发黑果腺肋花楸的企业会越来越多,产品会越来越丰富,黑果腺肋花楸种植和药用价值开发利用前景方兴未艾。

二、食用价值

黑果腺肋花楸果实可制成水果罐头或果汁浓缩用于制作果冻、糖果、馅饼、甜饼馅、奶酪、果汁冰糕、风味牛奶等,欧洲国家广泛用于制作果汁饮料和酒产品。目前,黑果腺肋花楸果汁已越来越多地应用于食品工业,为颜色稳定性差的产品提供天然红色素,如用于茶、糖浆、果酱制品的着色等。在乌克兰,其果汁用于改善葡萄酒颜色、单宁水平和糖水平。黑果腺肋花楸在栽培管理过程中不需要使用化学农药、杀菌剂和除草剂,果实被视为"绿色"果品,含有丰富的营养物质和生物活性物质。其中,花青素(1%~2%)、黄酮(0.25%~0.35%)、多酚(1%~2%)、β-胡萝卜素(0.05%)等物质是目前已知植物中含量最高或较高的。除了具有对上述疾病的治疗效果外,还可以显著净化血液中的垃圾,补充人体所需矿物质、果纤维、维生素、糖类,可提高睡眠质量,延缓衰老,增加人体活力,增强人体免疫力。同时,还是保健品等功能性食品、天然食用色素、饮料、酿酒和化妆品等的理想原料与添加剂。

宁夏南部山区可以利用得天独厚的自然条件和"六盘山"农产品地理品牌优势,大力发展黑果腺肋花楸有机种植,开发有机农产品种类,形成系列黑果腺肋花楸有机食品。

(一)果酒

果酒是以果品为原料经发酵酿制而成的低度饮料酒,主要成分除乙醇外还有糖类物质、有机酸、酯类及维生素等。果酒具有低酒精度、高营养、益脑健身等特点,可促进血液循环和机体的新陈代谢,控制体内胆固醇水平,改善心脑血管功能。此外,还具有利尿、刺激肝功能和抗衰老的功效。

酿造果酒的首要条件就是果实具有一定的出汁率和含糖量。黑果腺肋花楸果实的出汗率一般为 70% 左右,其汁液中含有 15% 以上的糖类物质,并含有一定量的蛋白质或氨基酸。通过添加碳源、氮源、无机盐等营养物质的方式可以营造出适合于造型微生物生长的环境。因此,黑果腺肋花楸果实在酿造加工方面进行产品开发具有可行性。并且黑果腺肋花楸的果实中含有多种天然色素,果汁具有诱人的暗宝石红色,其呈色效果甚至要优于葡萄汁的色泽。如果在深加工过程中利用一定的技术手段,对发酵汁进行除氧、钝化酚酶、添加抗氧化剂、控制发酵温度等护色处理,那么所开发的产品就能保持住黑果腺肋花楸果实所具有的天然色泽。

目前,波兰已经出现了以黑果腺肋花楸果汁和苹果汁混合发酵生产果酒的企业。德国也出现了以黑果腺肋花楸果汁和葡萄汁混合来生产果酒的企业。在我国黑果腺肋花楸果酒的研发目前还处于萌芽阶段,相关的科学研究还很少。但是,随着黑果腺肋花楸果实的保健价值被人们所认识,以及随着黑果腺肋花楸产业链条的形成,黑果腺肋花楸果酒在我国的开发前景和经济效益会变得十分可观。

(二)果醋

酿制保健醋,由于果醋中含有丰富的氨基酸、醋酸、乳酸、苹果酸、琥珀酸、维生素以及其他对人体有益的活性物质,因此具有消除疲劳、提高肝脏的解毒功能、促进新陈代谢、软化血管、降血脂、降低胆固醇、减肥、抗衰老等功能。所以,对保健醋的功能与各种新型保健醋开发的研究,已经引起了社会的普遍重视,并且具有非常美好的发展前景。

黑果腺肋花楸的果实经过前期预处理后,利用酒精发酵和醋酸发酵,使果汁中的糖先转化成酒精,然后再由酒精转化成醋酸,从而酿制出黑果腺肋花楸果醋。当醋酸发酵后,大量醋酸会积累下来,醋酸的酸味能在一定程度上屏蔽黑果腺肋花楸果汁中原有的涩味,这样有利于黑果腺肋花楸产品品质自身的改善。同时,通过后期相应的调配工序,可以使黑果腺肋花楸果醋具有独特的口感。

目前,黑果腺肋花楸果醋在国内外还处于研发阶段,没有形成规模化生产,但是随着黑果腺肋花楸种植业规模的扩大,以及产业链条的形成与完善,黑果腺肋花楸果醋必将全面推向市场。

(三)乳酸发酵型饮料

近年来,利用果汁生产的乳酸发酵型饮料越来 越受到人们的青睐。这是因为乳酸菌是一种有益菌种,它能够改善人体肠道菌群,预防肠道疾病;防治中老年人的便秘,增加粪便中水分含量,并刺激 肠壁蠕动;增加人体免疫机能,使人体在抗药物反应、抗毒性反应、预防癌症和应激反应等方面得到增强。同时,乳酸菌在发酵过程中能产生大量的乳酸、多种有机酸、醇类及各种氨基酸,赋予食品柔和的酸味和香气。

黑果腺肋花楸的果实经过榨汁、调配等处理后,以保加利亚乳杆菌和嗜热链球菌为发酵菌种对其进行乳酸发酵。为了促进乳酸菌的生长代谢,可以向黑果腺肋花楸的果汁中添加适量的脱脂牛乳或乳糖作为乳酸发酵的补充营养物质。同时,为了保证整个液态体系均匀稳定,还需要添加一定量的乳化稳定剂和果胶酶。

目前,黑果腺肋花楸乳酸发酵型饮料也正处于研发阶段,但是黑果腺肋花楸乳酸饮料作为一种全新的乳酸发酵型饮料,值得深入研究与开发。

(四)多酚类色素

多酚类色素属于天然色素,广泛可用于果汁、汽水、果酒、糖果、糕点、罐头等食品的着色,还可用于化工产品、医学药品以及化妆品的着色。这种色素在许多方面有着人工合成色素无法比拟的优点, 例如颜色更接近于新鲜食品的颜色,具有很好的自然色泽,从而使得食品更自然新鲜,并且无毒无害,在一定程度上具有人体保健功能。

黑果腺肋花楸的果实富含花青素、花色苷、类黄酮等天然色素,可以利用适当的溶剂对这些天然色素进行萃取,然后再通过减压蒸馏的方式回收溶剂。

目前,德国凯登生物公司(Kaden Biochemical Company)已经研制出黑果腺肋花楸果实的高纯度提取物,并将产品投放到了市场。在波兰,某些生态园也开始对黑果腺肋花楸果实进行粗放加工,提取出多酚类物质和糖的混合物,并将其作为产品进行销售。但这种加工所获取的混合物含多酚物质较低,一般含量为15%~25%。如果需要获取高纯度的多酚类物质,还需要对其进行纯化处理。

(五)固体果茶

固体果茶是一种饮用方便,便于运输和保藏的固体饮品,曾流行于20世纪90年代,近年来不同种类的果茶层出不穷,例如,山楂固体果茶、五味子固体果茶、沙棘固体果茶等。黑果腺肋花楸果实经榨汁后,果汁进行预处理、真空浓缩、造粒、检验、包装等工序,便可生产出相应的固体果茶。黑果腺肋花楸固体果茶含有丰富的多酚类抗氧化成分,具有很高的保健价值。目前,波兰的几家生态公司已经开始生产黑果腺肋花楸果茶,并且已经上市销售。

(六)果蔬粉

目前,市面上有许多种类果蔬粉,但是营养价值及抗氧化能力均不如黑果腺肋花楸,色泽也不如黑果腺肋花楸鲜艳。黑果腺肋花楸果实呈天然紫黑色,其果汁呈暗红宝石色,有报道称可将其干燥后的果粉用作食品添加剂。将果实制成果粉有两种途径:第一将腺肋花楸果汁通过喷雾干燥、冷冻干燥或者 40~80 ℃ 真空干燥制成粉末状,这三种方法制成的粉末中均含有较高含量的多酚,其中通过喷雾干燥处理后,总酚、总黄酮、原花青素及矢车菊素葡萄糖苷含量最高,该技术较适合用于保存腺肋花楸。第二将黑果腺肋花楸果实榨汁后,留下的果渣干燥后制成果粉,含籽的部分富含 13.9% 脂肪、24% 蛋白质和无机化合物;无籽部分含有大量的总膳食纤维,原花青素(12 000 mg/100 g)和花青素(1 200 mg/100 g)。这样果汁可用来制成商业果汁,而剩下的果渣也会得到充分的利用,使黑果腺肋花楸的价值最大化。制成的果粉可以添加到面包,蛋糕等中,健康又营养。也可以独立包装,做成冲剂,随用随冲,携带方便,为忙碌的都市人提供健康方便的营养补充剂。

（七）果冻

果冻是一种市面常见的甜食之一，呈半固体状，外观晶莹，口感柔滑，深受小孩子与大人们的喜爱。通过 Ciurzyńska 等研究可将草莓粉与黑果腺肋花楸浓缩果汁相结合制作果冻，配方为 7%草莓粉，0.05%乳酸钙再添加 5.2%黑果腺肋花楸浓缩果汁，所得产品品质最高。由于黑果腺肋花楸制成的果冻色泽鲜艳，更易吸引小孩子，同时果冻几乎不含蛋白质、脂肪等任何能量营养素，又适合减肥或想保持身材的爱美人士。果冻与黑果腺肋花楸结合，既能满足大众口味，又能满足爱美者在减肥同时补充多种维生素，矿物质等。

在国外，无论是黑果腺肋花楸的药用价值、食用价值，还是生态价值、商用价值，均已经得到了充分开发。例如，美国多采用黑果腺肋花楸制作天然食品、饮料及食品添加剂等（魏丽萍，2019）。我国对黑果腺肋花楸的利用开发，仍只局限于药品生产业提取黄酮、花青素和食品行业制作食品添加剂，榨汁、制作果醋、果酒等，其他领域仍处于起步阶段。随着人们生活条件的显著改善，丰富食品种类和提高日常食品营养价值已经成为食品行业面临的主要问题。因此，开发黑果腺肋花楸的其他应用价值的发展空间十分广阔。

主要参考文献

［1］ 王淑娟.山西省黑果腺肋花楸产业发展问题及对策［J］.内蒙古林业调查设计,2016,39(5):128-129,41.

［2］ 王鹏.欧美国家黑果腺肋花楸栽培技术研究现状［M］.中南林业调查规划,2014,33(1):54-57.

［3］ 赵明优.黑果腺肋花楸的应用价值［J］.果树实用技术与信息,2020(3):44-46.

［4］ 李翠舫,马兴华,孙文生.黑果腺肋花楸形态学特征与生物学特性观察初报[J].林业科技通讯,1995(2):30-31.

［5］ 韩文忠,马兴华.黑果腺肋花楸的生物学特性和应用价值[J].辽宁林业科技,2005(4):40-42.

［6］ 韩文忠,马兴华,姜镇荣,等.黑果腺肋花楸形态特征和生长发育特性研究[J].中国林副特产,2008(3):4-6.

［7］ 赵明优.黑果腺肋花楸的主要生物学特性与应用价值［J］.特种经济动植物,2020,23(5):32-34.

［8］ 尹艳廷.黑果腺肋花楸在太原地区的引种栽培初探[J].防护林科技,2008(5):120+134.

［9］ 王树全.黑果腺肋花楸在沈阳地区试栽表现[J].中国林副特产,2011(1):38-39.

［10］姜镇荣,马兴华,韩文忠,等.辽西地区土壤酸碱性对黑果腺肋花楸生长的

影响与改良办法[J].陕西林业科技,2013(4):31-33.

[11] 杨亚平.黑果腺肋花楸在山西地区的引种试验初报 [J].中国农业信息, 2014(23):44-45.

[12] 徐大猛,黄春英,袁玉明,等.黑果腺肋花楸在宽甸地区的引种栽培表现 [J].辽宁农业科学,2014(6):85-86.

[13] 董玉得,孙新建,冯国栋,等.安徽沿江丘陵地区黑果腺肋花楸生长特性及 引种栽培技术[J].园艺与种苗,2018(6):4-5,8.

[14] 杜鹏飞,薛利强,梁立东.俄罗斯黑果腺肋花楸品种驯化选育研究[J].防 护林科技,2018(7):33,40.

[15] 朱力国,刘士辉.黑果腺肋花楸在黑河地区的引种表现 [J].林业科技, 2018,43(5):19-21.

[16] 陈君.黑果腺肋花楸生物学特性与种苗繁育技术研究[D].长春:吉林农 业大学,2018.

[17] 张成霞,韦庆翠,徐秀琴,等.黑果腺肋花楸在泰州地区引种栽培适应性研 究[J].湖南农业科学,2020(1):7-10.

[18] 陈永快,王涛,廖水兰,等.逆境及生长调节剂对作物抗逆性的影响综述 [J].江苏农业科学,2019,47(23):68-72.

[19] 孙文生,张宝孚,马兴华,等.黑果腺肋花楸的抗寒性测定[J].林业科技通 讯,1994(10):25-26.

[20] 毛才良.黑果腺肋花楸枝条的深超冷与抗寒性[J].植物资源与环境,1995 (4):28-32.

[21] 韩文忠,马兴华.黑果腺肋花楸抗旱生理特性的初步研究[J].辽宁林业科 技,2004(6):12-13,38.

[22] 冯建民.提高寒冷地区黑果腺肋花楸幼树抗寒能力试验分析 [J].现代农 业,2019(3):34-35.

[23] 胡艳,艾力江·麦麦提,安尼瓦尔·艾木都,等.土壤干旱胁迫及复水对黑果

腺肋花楸生理指标的影响[J].湖南农业科学,2020(4):12-15.

[24] 冯涛,李玉江.花楸种子休眠原因初探 [J].黑龙江生态工程职业学院学报,2008,21(6):29-31.

[25] 范丽颖,任军,林玉梅.花楸种子发芽特性的种源变异[J].东北林业大学学报,2007(9):12-13,19.

[26] 韩彩萍,潘伟,余治家.沙藏处理对欧洲花楸种子的催芽作用[J].吉林农业大学学报,2009,31(5):595-599,606.

[27] 朱力国,徐福成.黑果腺肋花楸播种育苗技术[J].防护林科技,2013(7):113-114.

[28] 王小菲,冯丽芝.黑果腺肋花楸播种前处理与发芽率的影响研究[J].园艺与种苗,2015(9):31-32.

[29] 佘萍,余治家,马杰.欧洲花楸种子萌发和生根试验[J].中国种业,2017,(2):45-46.

[30] 郭金雪.外援激素对黑果腺肋花楸种子萌发的影响 [J].林业勘察设计,2017(2):80-81.

[31] 马冬菁.黑果腺肋花楸播种育苗及扦插育苗技术探析 [J].种子科技,2018,36(6):64,68.

[32] 马兴华,李翠舫,孙文生,等.黑果腺肋花楸硬枝扦插试验初报[J].林业科技通讯,1994(8):18-19.

[33] 龙忠伟.黑果腺肋花楸全光照喷雾嫩枝扦插育苗技术[J].科技创新导报,2008,11(164):254.

[34] 郭晓凡.黑果腺肋花楸扦插试验[J].中国林副特产,2009(6):31-32.

[35] 赵明优.黑果腺肋花楸裸地嫩枝扦插育苗技术[J].黑龙江农业科学,2015(5):176.

[36] 李根柱,张自川.黑果腺肋花楸苗木扦插繁殖研究 [J].北方园艺,2016(17):37-39.

［37］曾光.黑果腺肋花楸嫩枝扦插育苗技术[J].辽宁林业科技,2016(1):71-72.

［38］张晓燕.黑果腺肋花楸绿枝扦插试验结果初报 [J].林业科技,2017,42
（2）:25-27.

［39］秦琳.黑果腺肋花楸嫩枝扦插育苗技术 [J].现代农业科技,2017(12):
162-163,167.

［40］陈君,史春凤,王旭,等.黑果腺肋花楸繁殖研究现状及解决对策分析[J].
吉林农业科技学院学报,2017,26(4):17-19.

［41］王淑娟.不同基质对黑果腺肋花楸嫩枝扦插的影响[J].防护林科技,2018
（9）:29-30,44.

［42］潘越,卢明艳,杜研,等.不同外源激素浓度对黑果腺肋花楸嫩枝扦插生根
效果的影响[J].北方园艺,2018(16):121-125.

［43］艾志强,李相全,高金辉.几种植物生长调节剂对黑果腺肋花楸扦插生根
的影响[J].林业科技,2019,44(6):12-14.

［44］赵明优.影响黑果腺肋花楸插穗成活率的主要因子分析 [J].特种经济动
植物,2020,23(4):36-37.

［45］罗凤琴.黑果腺肋花楸硬枝嫁接试验[J].中国林副特产,2009(5):24-26.

［46］陈君,史春凤,王旭,等.黑果腺肋花楸繁殖研究现状及解决对策分析[J].
吉林农业科技学院学报,2017,26(4):17-19.

［47］韩俊革,王瑞玺,胡忠惠.黑果腺肋花楸嫁接试验[J].中国花卉园艺,2019
（4）:38-39.

［48］卢斯.植物组织培养技术及应用[J].科技展望,2016,26 (11):73.

［49］王岳英.树毒组织培养最佳外植体材料试验[J].山西林业科技,2009(2):
12-13,20.

［50］黄莉雅,张日清,马锦林,等.油茶愈伤组织和芽诱导培养条件的筛选[J].
经济林研究,2010,28(1):30-34.

［51］王志,王淑华,李鑫,等.黑果腺肋花楸的组织培养繁殖[J].北方果树,

2002(1):10-11.

[52] 李冬杰,张进献,魏景芳.生长调节物质对黑果腺肋花楸试管苗增殖和生根的影响[J].河北农业大学学报,2006(4):41-43,56.

[53] 张利萍.黑果腺肋花楸的组培快繁技术研究[J].价值工程,2010,29(18):211-212.

[54] 龙忠伟,黄立华,王占龙,等.黑果腺肋花楸组培苗夏季炼苗移栽技术[J].林业实用技术,2012(1):29-30.

[55] 高晔华,郭朋伟,高日,等.黑果腺肋花楸组培苗生根培养及驯化的研究[J].北方园艺,2013(9):105-108.

[56] 刘青,刘颖,李冬杰,等.黑果腺肋花楸组织培养和快繁体系的优化研究[J].北方园艺,2015(5):96-99.

[57] 高方可,李建勋,吴荣哲.黑果腺肋花楸组培苗瓶外生根技术研究[J].延边大学农学学报,2015,37(3):208-211,230.

[58] 李建勋,巴蕾,于欢,等.秋水仙素浸泡法对黑果腺肋花楸多倍体的诱导及初步鉴定[J].延边大学农学学报,2017,39(1):1-8.

[59] 赵健竹,孙晓泽,辛广,等.黑果腺肋花楸不定芽诱导与增殖研究[J].吉林农业,2017(13):67,75.

[60] 程远.黑果腺肋花楸组织培养研究[J].防护林科技,2017(7):70-71.

[61] 刘行,夏群,张成霞,等.黑果腺肋花楸组培快繁技术研究[J].种子,2020,39(1):88-92.

[62] 刘长红.黑果腺肋花楸组培育苗关键技术[J].现代农业科技,2018(7):170-171.

[63] 柳晓东.黑果腺肋花楸组培育苗技术[J].现代农业科技,2020(4):132-133.

[64] 韩文忠,龙忠伟.黑果腺肋花楸栽培技术要点[J].中国林副特产,2008(4):61-62.

[65] 姜镇荣.黑果腺肋花楸栽培技术[J].防护林科技,2009(3):118,122.

［66］赵明优.辽西半干旱地区黑果腺肋花楸的栽植与管理技术［J］.中国林副特产,2011(6):44-46.

［67］赵明优.黑果腺肋花楸的开发利用价值及栽培技术［J］.陕西林业科技,2012(2):100-102.

［68］姜镇荣.黑果腺肋花楸产业化高效栽培技术研究的展望[J].辽宁林业科,2013(2):42-43.

［69］张红.黑果腺肋花楸优质高产栽培技术[J].辽宁农业职业技术学院学报,2016,18(3):12-13.

［70］赵明优.富康源工号黑果腺肋花楸栽培技术［J］.防护林科技,2016(9):122-123.

［71］姜镇荣,韩文忠.辽宁省产区黑果腺肋花楸栽培技术[J].辽宁林业科技,2017(2):70-73.

［72］BUSSIERES J,BOUDREA S, CLEMENT-MATHIEU G. Growing black Chokeberry (Aronia melanocarpa) incut-over Peatlands ［J］. Hort Scienc,2008,43 (2):494-499.

［73］姜镇荣,韩文忠,马兴华,等.黑果腺肋花楸配方施肥技术研究[J].陕西林业科技,2009(3):43-45.

［74］姜镇荣,韩文忠,马兴华,等.黑果腺肋花楸配方施肥试验研究[J].辽宁林业科技,2010(1):34-35.

［75］张永顺.黑果腺肋花楸土肥水管理技术[J].现代农业,2018(2):22.

［76］赖淑丽.黑果腺肋花楸高产栽培技术[J].现代农业科技,2018(23):91-93.

［77］亚里坤·努尔,吐尔逊古丽·托乎提,张玉莲.黑果腺肋花楸形态特征与种植栽培管理研究[J].中国林副特产,2018(6):9-13,16.

［78］赵明优.黑果腺肋花楸无公害土、肥、水栽培管理方法[J].特种经济动植物,2020,23(3):41-42.

［79］楚景月.黑果腺肋花楸高产栽培关键技术[J].防护林科技,2015(1):105-

106.

[80] 德馨.黑果腺肋花楸栽培管理技术[N].中国花卉报,2017-04-06(005).

[81] 杨光,崔玉志,孙兰英,等.黑果腺肋花楸优质丰产栽培技术[J].中国林副特产,2018(1):63-64.

[82] SCOTT W, SKIRVIN M. Black chokecherry (Aronia melanocarpa Michx):A semi-ediblefruit with no pests [J]. Journal of the American Pomological Society,2007,61(3):135-137.

[83] 关煜涵.黑果腺肋花楸栽培技术要点[J].种子科技,2018,36(9):82,88.

[84] 朱丽华.丹东地区黑果腺肋花楸栽培技术研究 [J].吉林蔬菜,2017(5):44-45.

[85] KATARZYNA S. The effect of mineral fertilization on nutritive value and biological activity of chokeberry fruit [J]. Agriculture and Food Science,2007(16):46-55.

[86] ALFRED W S, ERICH L, WERNER P.Qualitative and quantitative analyses der anthocyans in black chokeberries (Aronia melanocarpa Michx.Ell.) by TLC,HPLC and UV/VIS-spectrometry [J]. Z Lebensm Unters Forsch,1995,201:266-268.

[87] IRENEUSZ O, JAN O, KATARZYNA S. Chemical composition, phenolics, and firmness of small black fruits[J]. J.Appl.Bot.Food Qual.,2009,83:64-69.

[88] 于明，李铣.黑果腺肋花楸幼苗的化学成分 [J].沈阳药科大学学报,2006,23 (7):425-426.

[89] 怡悦.黑果腺肋花楸叶中的多酚[J].国际中医中药杂志,2006,28(3):186.

[90] OSZMIANSKI J, SAPIS J C. Anthocyanins in fruits of Aronia melo-nacarpa (chokeberry) [J]. J Food Sci,1988,53 (4):1241-1242.

[91] SZEPCZYNSKA K. Polyphenolic compounds in Aronia melenacarpafruits[J]. Acta Pol Pharm,1989,46(4):404.

［92］ ZLETANOV M D. Lipid composition of Bulgarian chokeberry, blackcurrant and rose hip seedoils［J］. J Sci Food Agric, 1999, 79(12): 1620-1624.

［93］ AGNIESZKA S, Halina E, Bozena M. Accumulation of hydroxybenzoic acids and other biologically active phenolic acids in shoot and callus cultures of Aronia melanocarpa (Michx.) Elliott (black chokeberry)［J］. Plant Cell Tiss. Organ.Cult., 2013, 113: 323-329.

［94］ MARTYNOW E G, SUPRUNO N I. Ursolic acid from Aronia me-lanocarpa fruit［J］. KhimPrirSoedin, 1980(1): 129.

［95］ 于明, 李铣, 张丽, 等. 黑果腺肋花楸果实的化学成分［J］. 中草药, 2010, 41 (4): 544-546.

［96］ TIMO H, ERKKI H. Analysis of the volatile constituents of black chokeberry (Aronia melanocarpaEll.)［J］. J.Sci. Food Agric., 1985, 36: 808-810.

［97］ 李国明, 张丽萍, 易平, 等. 黑果腺肋花楸挥发油化学成分及总黄酮含量分析研究［J］. 食品安全质量检测学报, 2019, 10(7): 1920-1926.

［98］ RAZUNGLES A, OSZMIANSKI J, SAPIS J C. Determinetion of carotenoids in fruits Rosa species (Rosa canina and Rosa rugosa) and of cho-keberry (Aronia melanocarpa)［J］.J Food Sci, 1989, 54 (3): 774-775.

［99］ WEINGES K, SCHICK H, SCHILLING G, et al. Composition of ananthocyan concentrete from Aronia melanocarpa Elliot X -ray analysisof tetraacetryl parasorboside［J］. Eur J Org Chem, 1998(1): 189-192.

［100］PANTELIDIS G E, VASILAKAKKIS M, Manganaris GA, et al. Antioxidant capacity, phenol, anthocyanin and ascorbic acid contents in raspberries, blackberries, red currants, gooseberries and Cornelian cherries ［J］. Food Chem., 2007, 102: 777-783.

［101］ZHENG W, WANG S Y. Oxygen radical absorbing capacity of pheno-lics in blueberries, cranberries, chokeberries, and lingonberries ［J］. J AgricFood

Chem,2003,51(2):502–509.

[102]METSUMOTO M, HARA H, CHIJI H, et al. Gastroprotective effectof red pigments in black chokeberry fruit （Aronia melanocarpa Elliot）onacute gastric hemorrhagic lesions in rets [J]. J Agric Food Chem, 2004,52(8): 2226–2229.

[103]SABINE L, KULLING, LLARSHADAI M. Rawel. Chokeberry（Arorriamelar-wcarlra）-A Review on the Characteristic Components and Potential llealth Effects [J]. J.1′lanta Med 2008, 74(10):1625–1634.

[104]吕天舒.黑果腺肋花楸胚乳愈伤组织增殖及抗氧化活性研究[D].珲春：延边大学,2015.

[105]黄海,王莹,郭云瑕,等.黑果腺肋花楸酵素的抗氧化活性研究[J].食品工业科技,2016,37(22):336–339.

[106]刘佳,王莹,陈昕昕,等.黑果腺肋花楸总黄酮提取工艺优化及抗氧化活性研究[J].青岛农业大学学报(自然科学版),2017,34(4):267–272,313.

[107]李建勋.二倍体与四倍体黑果腺肋花楸抗氧化特性比较研究[D].珲春：延边大学,2017.

[108]高凝轩.黑果腺肋花楸多酚提取纯化工艺及其抗氧化活性与稳定性研究[D].沈阳农业大学,2017.

[109]廖霞,李苇舟,郑少杰,等.不同品种黑腺肋花楸活性物质含量与抗氧化活性相关性研究[J].食品与机械,2017,33(7):145–148,174.

[110]徐福成,李静雯,玛丽娜·库尔曼,等.不同产地的黑果腺肋花楸抗氧化活性比较[J].中国林副特产,2018(4):5–8.

[111]李建文,周雪艳,崔伟.不同干燥方法对黑果腺花秋叶多糖理化性质和抗氧化活性的影响[J].食品与发酵科技,2018,54(6):9–15.

[112]李美兰,黄金珠,李红梅,等.黑果腺肋花楸对小鼠肝肾抗氧化性的初步研究[J].畜牧与饲料科学,2018,39(10):1–3.

[113]黄佳双,曹庆超,金允哲,等.黑果腺肋花楸果实多酚含量及体外抗氧化活性研究[J].扬州大学学报(农业与生命科学版),2019,40(6):100-104.

[114]徐杰,李新光,王建中,等.黑果腺肋花楸果汁的酶解制备工艺优化及其功能性质[J].食品工业科技,2020,41(1):125-131+137.

[115]王鹏.国外黑果腺肋花楸多酚类物质功能性研究进展[J].林业科技,2014,39(4):67-70.

[116]BORISSOVA P,VALCHEVA S,BELCHEVA A.Antiinflammetoryeffect of flavonoids in the netural juice from Aronia melanocarpa,rutin andrutin-magnesium complex on an experimental model of inflammetioninduced by histamine and serotonin[J].Acta Physiol Pharmacol Bulg,1994,20(1):25-30.

[117]MARTIN D A,TARHERI R,BRAND M H,et al.Anti-inflammatory activity of aronia berry extracts in murine splenocytes [J].Journal of Functional Foods,2014,8:68-75.

[118]位路路.黑果腺肋花楸花色苷提取物对脂多糖诱导巨噬细胞炎症的抑制作用[D].长春:沈阳农业大学,2018.

[119]李雪梅,孙延斌,周雪,等.百华花楸果实抗炎作用的实验研究[J].中国当代医药,2018,25(33):30-32,36.

[120]SKARPAńSKA-STEJNBORN A,BASTA P,SADOWSKA J,et al. Effect of supplementation with chokeberry juice on the inflammatory status and markers of iron metabolism in rowers[J].Journal of the International Society of Sports Nutrition,2014,11(1):1-10.

[121]GASIOROWSKI K,SZYBA K,BROKOS B,et al. Antimutagenic activity of anthocyanins isolated from Aronia melanocarpa fruits [J].Cancer Letters,1997,119(1):37-46.

[122]李梦莎,王化,朱良玉,等.黑果腺肋花楸花色苷对人胃癌细胞SGC-7901作用的初步探究[J].国土与自然资源研究,2016(6):90-92.

[123]BENATREHINA A P,LI P,NAMAN B C, et al. Usage,biological activity,and safety of selected botanical dietary supplements consumed in the United States [J]. Journal of Traditional and Complementary Medicine,2018,8(2):267–277.

[124]ANDRYSKOWSKI G, NIEDWOROK J, MAZIARZ Z, et al. Theeffect of netural anthocyanin dye on superoxide radical generetion andchemiluminescence in animals after absorbed 4Gy dose of gammaradietion[J]. Pol J Environ Stud,1998,7（6）:355–356.

[125]BADESCU M, BADULESCU O, BADESCU L, et al. Effects of Sambucus nigra and Aronia melanocarpa extracts on immune system disorders within diabetes mellitus[J]. Pharmaceutical Biology,2015,53(4):533–539.

[126]HELLSTRM J K,SHIKOV A N,MAKAROVA M N,et al. Blood pressure–lowering properties of chokeberry(Aronia mitchurinii,var.Viking)[J]. Journal of Functional Foods,2010,2(2):163–169.

[127]朱月,李奋梅,王艳丽,等.黑果腺肋花楸原花青素的提取及抑菌性研究 [J].食品工业科技,2017,38(2):302–306,341.

[128]李瑞芳.超声波辅助提取黑果腺肋花楸黄酮及其抗运动疲劳研究[J].食品研究与开发,2017,38(13):63–68.

[129]郑丽娜,赵大庆,赵文学,等.黑果腺肋花楸水提物对果蝇抗衰老活性的研究[J].食品研究与开发,2018,39(9):165–169.

[130]陈珊珊.黑果腺肋花楸花色苷提取物对人视网膜色素上皮细胞的保护作用 [D].沈阳农业大学,2018.

[131]JURIKOVA T, MLCEK J, SKROVANKOVA S,et al . Fruits of black chokeberry Aronia melanocarpa in the prevention of chronic diseases[J]. Molecules,2017,22(6):1–15.

[132]景安麒,朱月.基于文献计量的黑果腺肋花楸国内研究现状分析[J].食品工业科技,2018,39(23):351–356.

附录

宁夏回族自治区林业和草原局
公　　告

(宁)引种〔2023〕第1号

　　根据《中华人民共和国种子法》相关规定,按照原国家林业局《主要林木品种审定办法》要求,经宁夏林木品种审定委员会评审通过,现将符合宁夏引种备案要求的'富康源1号'予以公告,自公告发布之日起,'富康源1号'可在我区林业生产中作为林木良种使用,并严格在本公告规定的适宜种植范围内推广。引种备案良种被原审定机关撤销审定的,备案良种自动撤销。

　　引种单位要严格按照引种备案区域推广,认真做好风险提示及注意事项告知工作,并对备案良种的真实性、安全性、稳定性和适应性负责。各级林草行政主管部门要切实加强对备案良种的监督管理,密切关注备案良种的适应性和稳定性,对备案良种进行跟踪评估,对不适宜本区域种植的备案良种应及时上报,确保我区林业生产用种安全。

　　特此公告。

　　附件:林木良种引种备案名录

宁夏回族自治区林业和草原局
2023年2月24日

附件

林木良种引种备案名录

1.'富康源 1 号'

品种名称:'富康源 1 号'

树　　　种:黑果腺肋花楸

学　　　名:*Aronia melanocarpa* 'Fukangyuan 1'

审定编号:辽 S-SV-AM-006-2017

引种备案号:宁引黑果腺肋花楸 2022001

育　种　者:辽宁省干旱地区造林研究所

　　　　　辽宁省海城市辽宁富康源科技有限公司

引种单位:宁夏富康源黑果花楸科技开发有限公司

　　　　　泾源县林业草原发展中心

　　　　　固原市六盘山林业局良种繁育中心

　　　　　宁夏回族自治区国有林场和林木种苗工作总站

引　种　人:惠学东、陈世富、梁斌、王华玺、牛锦凤、

　　　　　赫广林、贾国晶、李敏、李北草、丁世波

审定适宜区域:鞍山、丹东、锦州、葫芦岛、朝阳适宜地区推广

引种区域:宁夏固原市原州区、泾源县、隆德县、西吉县、彭阳县适宜区域

引种者联系方式: 梁斌,13895363929

主要用途: 生态兼经济林树种

品种特性

'富康源 1 号'黑果腺肋花楸(*Aronia melanocarpa* 'Fukangyuan 1')系蔷薇科(Rosaceae)腺肋花楸属 (*Aronia*)落叶灌木,是辽宁省干旱研究所从国外引进

选育的良种。该品种结果早、株状矮、产量高、品质优，是目前黑果腺肋花楸在全国推广面积最大的优良品种。该品种是我区引进备案良种，品种经济性、生态学特性稳定，与引种地基本一致，具有抗旱耐寒、耐水涝、耐盐碱等特性，病虫害少，发芽早、花期迟、成熟快、落叶晚，适应性强，能够适应宁夏自然条件，适宜在宁夏南部山区种植。

栽培技术要点

宁夏南部山区海拔高，积温低，无霜期短，采用日光温室或塑料大棚播种育苗或嫩枝扦插育苗。嫩枝扦插育苗基质采用 1：1 混拌蛭石和珍珠岩，育苗时间 7 月中旬至 7 月下旬。

当年播种苗或嫩枝扦插苗因达不到造林需求，需要进行移植 培育 1~2 a 后再出圃造林。移植时间在 4 月中下旬，当土壤解冻深度≥18 cm 开始起苗，及时定植。移植 2 年后，苗木高度≥30 cm、粗度≥0.3 cm、3 个分枝以上，即可出圃造林。

春秋两季均可造林。春季栽植时间宜在苗木发芽前，一般在 4 月 10 日—5 月 10 日；秋季栽植时间宜在苗木停止生长后，一般在 10 月 20 日—11 月 20 日。秋季整地，春季返浆期栽植效果最佳。也可以雨季容器苗栽植。

常规栽培采用株行距 1.0 m×1.5 m 或 0.8 m×2.5 m 两种不同的栽植密度。早期密植丰产栽培采用株行距 0.8 m×1.0 m 或 0.6 m×1.5 m。定植 3 年后，树体逐渐郁闭，株间、行间分别移出 1 株，株行距调整为目标密度 1.6 m×2.0 m 或 1.2 m×3.0 m。

栽植后须做好施肥、灌水、控草、土壤酸碱度调节、整形修剪和病虫害防治等方面的工作。当果实表面完全转变为紫黑色，20 d 后花青素含量最高时进行采收。小面积采用人工采摘，采摘时不带果柄，大面积种植可以采用专业机械采收。盛装果实的容器采用表面光滑、透气方形食品级材质塑料箱。鲜果采取低温贮存。

适宜种植范围

在宁夏南部山区降水量 400 mm 以上或有人工补水条件下，年平均温度在 6 ℃以上，≥10℃有效积温 2 300 ℃以上，土壤 pH 在 8.0 以下，土壤水溶性盐含盐量在 0.31% 以下的区域，可作为生态兼经济林树种进行推广应用。

综合评分与评价意见

综合评分：87 分

评价意见：

2023 年 2 月 16 日，宁夏科技发展战略和信息研究所组织有关专家对宁夏国有林场和林木种苗工作总站等单位共同完成的"黑果腺肋花楸品种引种研究及示范"项目进行了科技成果评价。评价委员会通过听取汇报，审阅资料、质询和评议后，形成如下意见：

一、项目针对宁夏南部山区林业产业结构调整，引进了黑果腺肋花楸品种，对于推动六盘山地区特色产业发展意义重大。

二、项目引进了'富康源 1 号'和'黑宝石'2 个品种，完成了引种限制性因素分析、物候期和适应性观测、逆境胁迫、果实营养成分分析等研究，建立了品种采穗圃 10 亩，良种采穗圃 100 亩；繁育苗木 6.5 万株；建设示范基地 700 亩；示范推广面积达 2 万亩。

三、项目在六盘山地区黑果腺肋花楸引种限制性因子、物候期、耐干旱、耐水湿等抗逆性研究方面具有创新性。

四、项目发表论文 8 篇，出版专著 1 部。

评价委员会一致认为：该项目内容齐全，数据翔实，同意通过自治区科技成果评价。

建议：深化黑果腺肋花楸种苗繁育和栽培技术。

评价委员会主任： 评价委员会副主任：

评价委员会成员：

2023 年 2 月 16 日

宁夏回族自治区科学技术成果证书

登记号：9642023Y0231

经审查该项目符合科技成果登记条件，准予登记，特发此证。

成果名称：黑果腺肋花楸品种引种研究及示范

完成单位：宁夏国有林场和林木种苗工作总站、泾源县林业草原发展中心、六盘山林业局林木良种繁育中心

完成人：惠学东、梁斌、王华玺、李英武、牛锦凤、赫广林、朱强、贾国晶、李北草、李敏、刘冰、段林、曾继娟、岑晓斐、郭海燕、陈家滨、纪丽萍、于冬梅、王强、徐秀琴

发证单位：宁夏回族自治区科学技术厅

发证时间：二〇二五年四月二十七日